Bildwörterbuch Kraftfahrzeugtechnik

Fachbegriffe

Deutsch · Englisch · Muttersprache

Handwerk und Technik · Hamburg

Inhalt

1 Wichtige Begriffe im beruflichen Alltag – Important terms for every work 3
1.1 Farben – Colours 3
1.2 Räumliche Anordnung – Physical configuration 4
1.3 Kalenderwoche – Calendar week 5
1.4 Zeitangaben – Time designations 6
1.5 Zeiträume – Periods of time 8
1.6 Arbeitszeit – Working time 12
1.7 Zahlen, Maße und Gewichte – Numbers, measures and weights 14
1.8 Zahlungsverkehr – Payment transactions 23

2 Arbeitsschutz und Umweltschutz – Occupational safety and environment protection 26
2.1 Erste Hilfe, Verhaltensregeln – First aid, codes of conduct 26
2.2 Arbeitsschutz – Occupational health and safety 32
2.3 Arbeitskleidung – Workwear 34
2.4 Sicherheitszeichen für die Unfallverhütung – Safety symbols for prevention of accidents ... 37
2.5 Umweltschutz – Environment protection 52

3 Der KFZ-Betrieb – (Motor) Vehicle shop 60
3.1 Automobilbranche – Automotive sector 60
3.2 Berufe im Kraftfahrzeuggewerbe – Professions in car repair trade 62
3.3 Werkstattpersonal – Workshop personnel 65
3.4 Reparaturablauf – Repair procedure 67
3.5 Werkstattausrüstung – Workshop equipment 73

4 Fahrzeugdokumente und Fahrzeugdaten – Vehicle documents and vehicle data 99
4.1 Gesetzliche Vorschriften und Untersuchungen – Legal instructions and investigations 99
4.2 Fahrzeugdokumente – Vehicle documents 102
4.3 Fahrzeugdaten – Vehicle data 106
4.4 Werkstattdokumente – Workshop documents 107

5 Das Kraftfahrzeug – Motor vehicle 109
5.1 Bauarten – Types 109
5.2 Fahrzeugabmessungen – Vehicle dimensions 121
5.3 Fahrzeugmassen – Vehicle weights 123
5.4 Einteilung der Fahrerlaubnisklassen – Classification of driver licences 124

6 Baugruppen und Bauteile – Assemblies and components 125
6.1 Sicherheitsausrüstung und Zusatzausrüstung – Safety equipment and accessory equipment 125
6.2 Bordwerkzeug – Vehicle tools 130
6.3 Fahrzeuginnenraum – Passenger compartment 131
6.4 Kontrollanzeigen und Kontrolllampen – Indicator instruments and indicator lights 142
6.5 Schalter und Taster – Switches and buttons 147
6.6 Karosserie – Body 154
6.7 Beleuchtungsanlage und Signalanlage – Lighting equipment and signalling equipment 163
6.8 Motorraum – Engine compartment 174
6.9 Unterboden, Fahrwerk – Underbody, undercarriage, chassis 184

Bildquellenverzeichnis 196
Alle Begriffe im Plural – Plural forms of nouns 200

1 Wichtige Begriffe im beruflichen Alltag – Important terms for every work

1.1 Farben – Colours

rot
red

grün
green

blau
blue

gelb
yellow

schwarz
black

weiß
white

braun
brown

orange
orange

violett – *ugs.* lila
purple / violet

grau
grey

rosa
pink

magenta
magenta

türkis
cyan / turquoise

transparent – *ugs.* durchsichtig
transparent

1.2 Räumliche Anordnung – Physical configuration

(in Fahrtrichtung) rechts
right / on the right
(in the direction of travel)

über
above / over

(in Fahrtrichtung) links
left / on the left
(in the direction of travel)

zwischen
between / among

auf
on / at

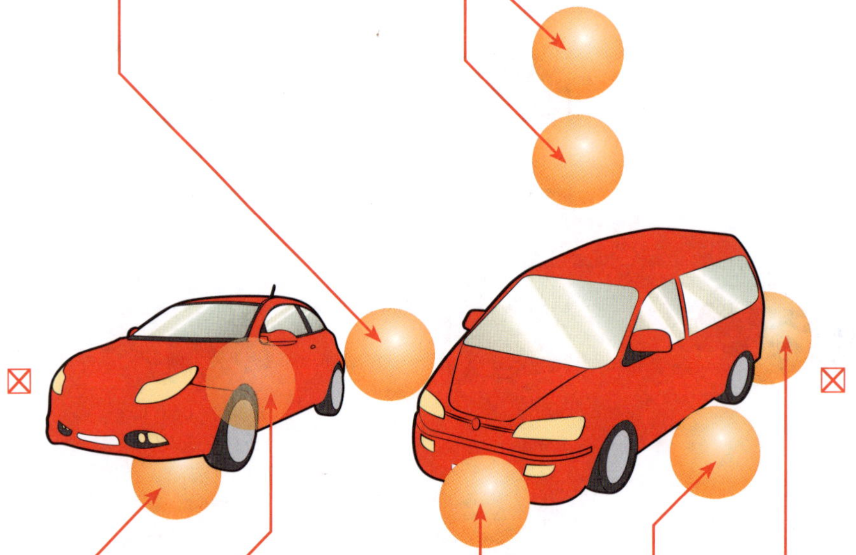

im
in / at

hinter
behind /
at the back of

unter
under / below

vor
before / in front of

neben
next to / beside

1.3 Kalenderwoche – Calendar week

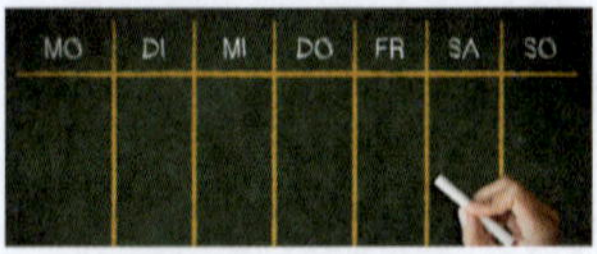

der Wochentag – *Adv.* wochentags
weekday – adv. (on) weekdays

der Montag –
Adv. montags
Monday –
adv. (on) Mondays

der Mittwoch –
Adv. mittwochs
Wednesday –
adv. (on) Wednesdays

der Freitag –
Adv. freitags
Friday –
adv. (on) Fridays

der Sonntag –
Adv. sonntags
Sunday –
adv. (on) Sundays

der Werktag –
Adv. werktags
= Montag–Samstag
weekday / workday –
adv. on working days
= Monday–Saturday

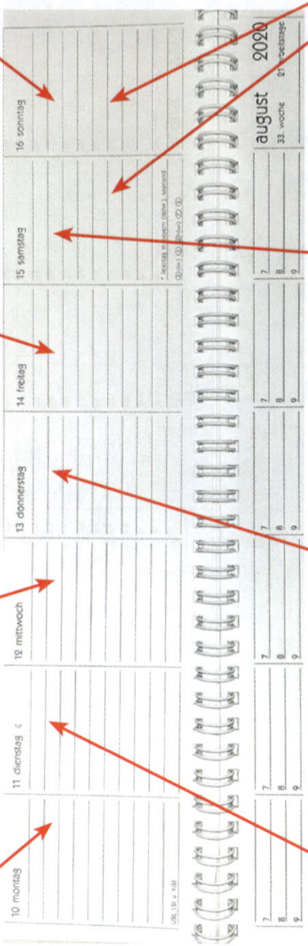

der Dienstag –
Adv. dienstags
Tuesday –
adv. (on) Tuesdays

der Donnerstag –
Adv. donnerstags
Thursday –
adv. (on) Thursdays

der Samstag –
Adv. samstags
ugs. der Sonnabend
Saturday – adv. (on) Saturdays

das Wochenende
weekend

1.4 Zeitangaben – Time designations

die Uhrzeit:
time / time of day

0 Uhr / 24 Uhr – *ugs.* die Mitternacht
twelve midnight

genau / exakt / Punkt 8 Uhr oder 20 Uhr
precisely at / promptly at / sharp 8 o'clock (a.m. or p.m.)

6 Uhr oder 18 Uhr
six o'clock (a.m. or p.m.)

12 Uhr
twelve o'clock / twelve noon

3 Uhr oder 15 Uhr
three o'clock (a.m. or p.m.)

Viertel nach sechs – Var. Viertel sieben – 6 Uhr 15 oder 18 Uhr 15
quarter past six (a.m. or p.m.)

halb neun – 8 Uhr 30 oder 20 Uhr 30
eight thirty / half (past) eight (a.m. or p.m.)

Viertel vor sechs – Var. Dreiviertel sechs – 5 Uhr 45 oder 17 Uhr 45
five forty-five / quarter to six (a.m. or p.m.)

zehn Minuten vor halb sieben – 6 Uhr 20 oder 18 Uhr 20
ten minutes to six thirty (a.m. or p.m.)

fünf Minuten nach halb sechs – 5 Uhr 35 oder 17 Uhr 35
thirty-five past five (a.m. or p.m.)

die Tageszeit:
daytime / time of day

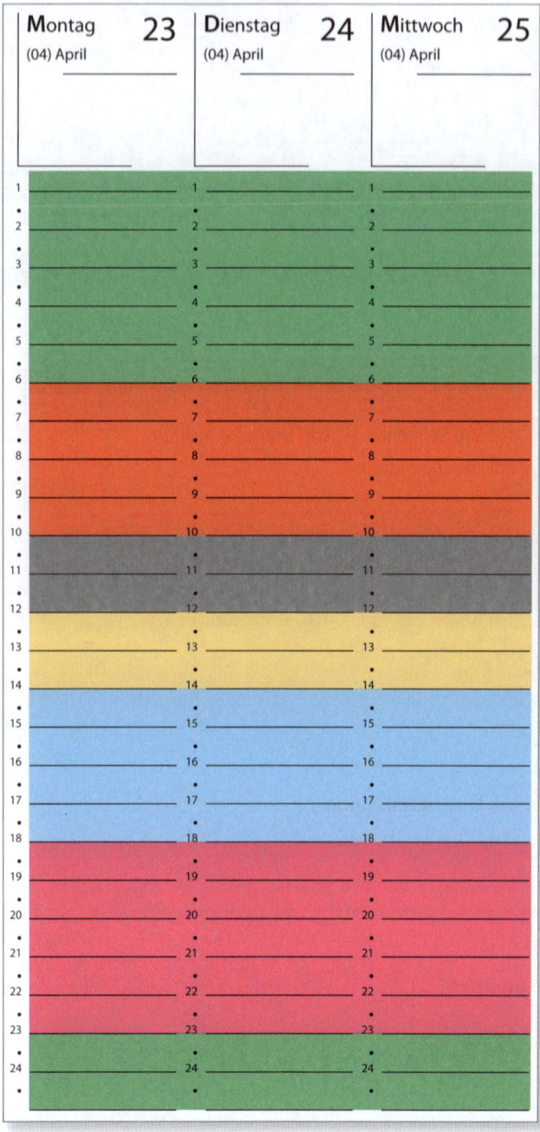

die Nacht – Adv. nachts
night / nighttime – adv. nights

der Morgen – Adv. morgens
morning – adv. in the morning

der Vormittag –
Adv. vormittags
forenoon – adv. before midday

der Mittag – Adv. mittags
midday – adv. at midday

der Nachmittag –
Adv. nachmittags
afternoon – adv. afternoons

der Abend – Adv. abends
evening – adv. evenings

1.5 Zeiträume – Periods of time

die Dauer / die Zeitspanne: *term / length of time*

es dauert *it takes …*

die Sekunde – Adj. sekündlich
second – adv. every second

die Minute – Adj. minütlich
minute – adv. every minute

15 Minuten – *ugs.* die Viertelstunde – Adj. viertelstündlich
fifteen minutes – adj / adv. quarter-hourly

30 Minuten – *ugs.* die halbe Stunde – Adj. halbstündlich
thirty minutes – adj / adv. half-hourly

45 Minuten – *ugs.* die Dreiviertelstunde
forty-five minutes

die Stunde – Adj. stündlich
hour – adj / adv. hourly

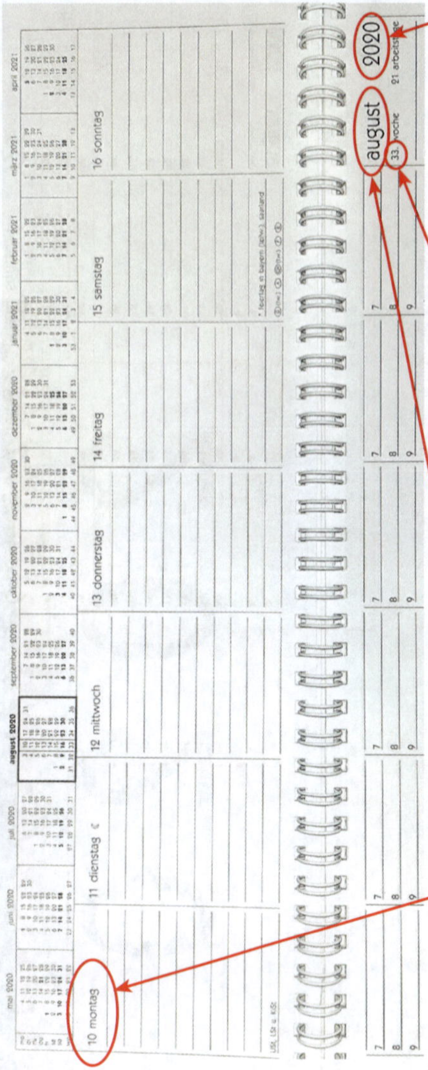

das Jahr – Adj. jährlich
year – adj / adv. yearly

die Woche – Adj. wöchentlich
week – adj / adv. weekly

der Monat – Adj. monatlich
month – adj / adv. monthly

der Tag – Adj. täglich
day – adj / adv. daily

das Kalenderjahr:
calendar year / legal year

der Januar
January

der Februar
February

der März
March

der Juli
July

der August
August

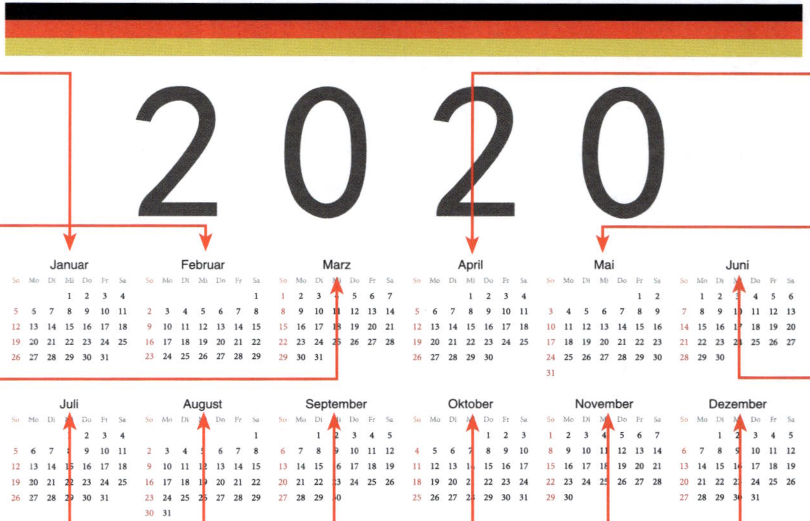

der September
September

der Oktober
October

der April
April

der Mai
May

der Juni
June

der Dezember
December

der November
November

die Jahreszeit – Adj. jahreszeitlich:
season / time of year – adj. seasonal

der Frühling – Adj. frühlingshaft
spring(time) – adj. springlike

der Sommer – Adj. sommerlich
summer(time) – adj. summery

der Herbst – Adj. herbstlich
autumn / fall – adj. autumnal

der Winter – Adj. winterlich
winter – adj. wintery

das Quartal – Adj. quartalsweise
quarter – adv. quarterly

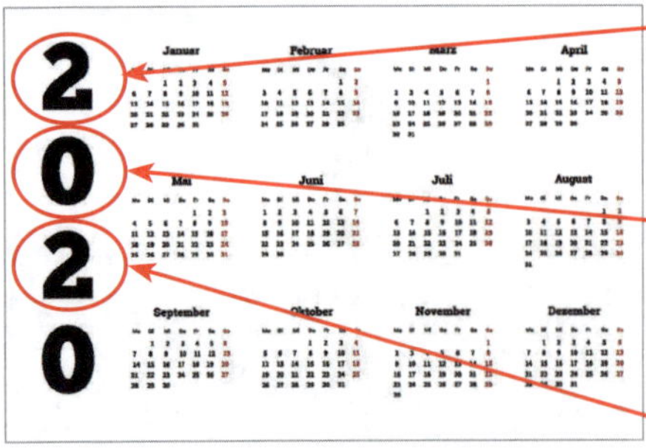

das Jahrtausend
millenium / chiliad

das Jahrhundert
century / centenary

das Jahrzehnt
decade

1.6 Arbeitszeit – Working time

der Dienstplan:
roster / rota

die Frühschicht
morning shift / early shift

die Tagschicht
day shift

die Spätschicht
evening shift / late shift

die Nachtschicht
night shift / overnight shift

die Überstunde
overtime / extra hour

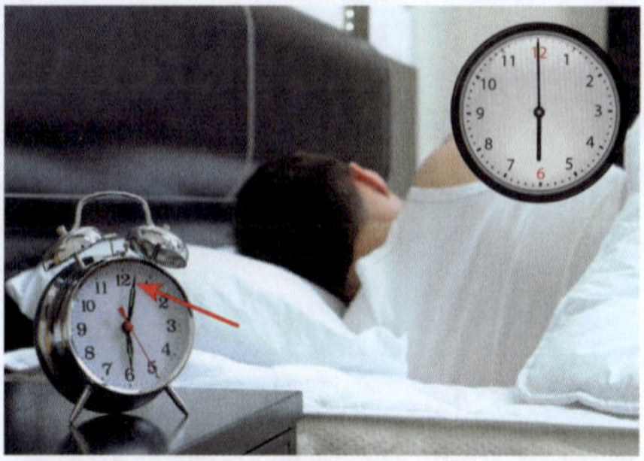

(den Arbeitsbeginn) verschlafen
to oversleep (start of work)

zu spät (zur Arbeit) kommen
to be late (for work) / to be tardy

die Krankschreibung – *ugs.* der Krankenschein
doctor's certificate / medical certificate – coll. sick note

der Urlaub
holiday / vacation

1.7 Zahlen, Maße und Gewichte – Numbers, measures and weights

die Anzahl
number / quantity

(ab)zählen
to count

fünf
five

eins
one

zwei
two

drei
three

vier
four

sechs
six

sieben
seven

acht
eight

neun
nine

zehn (Euro-Schein)
ten (euro note)

zwanzig (Euro-Schein)
twenty (euro note)

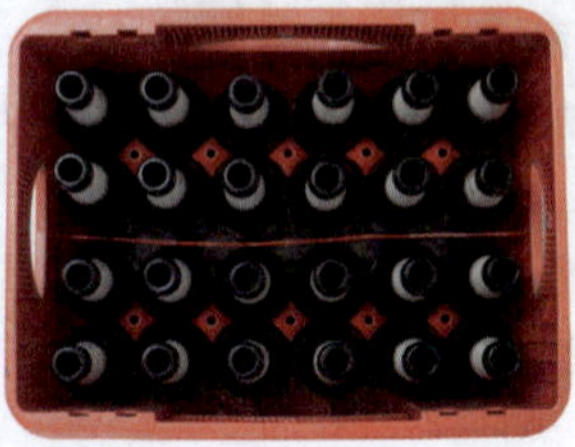

vierundzwanzig
twenty-four

fünfzig (Euro-Schein)
fifty (euro note)

einhundert (Euro-Schein)
one hundred (euro note)

einhundertzwölf
one hundred and twelve

zweihundert (Euro-Schein)
two hundred (euro note)

fünfhundert (Euro-Schein)
five hundred (euro note)

eintausend (Dollar-Schein)
one thousand (dollar bill)

zweitausendzwanzig
two thousand twenty

die Größe:
physical quantity

die Einheit:
physical unit

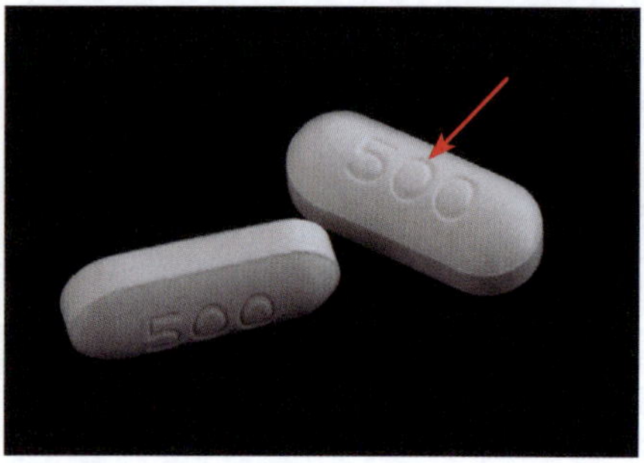

das Milligramm – *Abk.* mg
milligram

das Gramm – *Abk.* g
gram

das Kilogramm – *Abk.* kg
kilogram

die Tonne – *Abk.* t
ton

das (deutsche) Pfund – *Abk.* Pfd.
(german) pound

die Unze – *Umr.* 28,3495 g
ounce – abbrev. oz

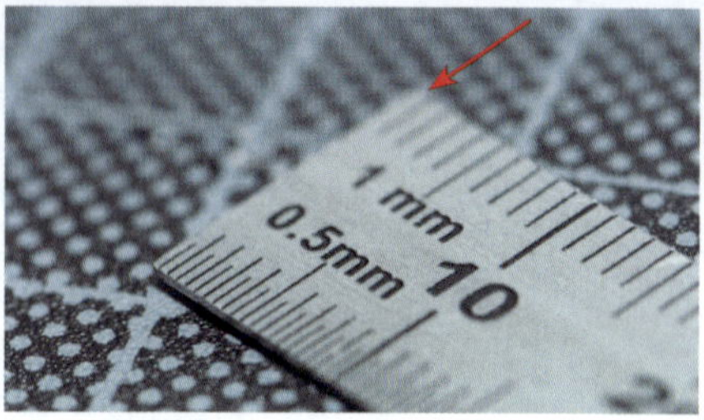

der Millimeter – *Abk.* mm
millimetre

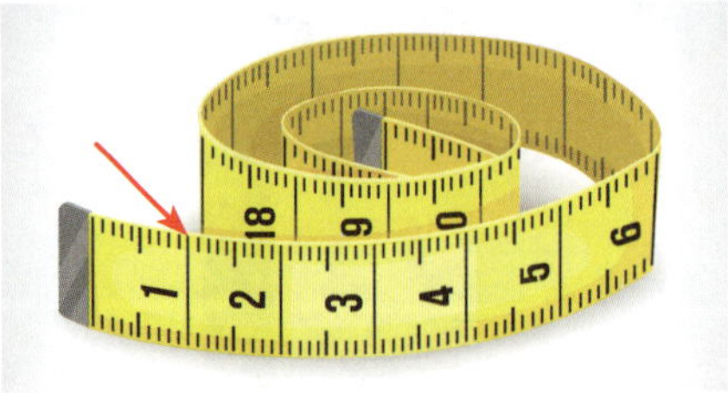

der Zentimeter – *Abk.* cm
centimetre

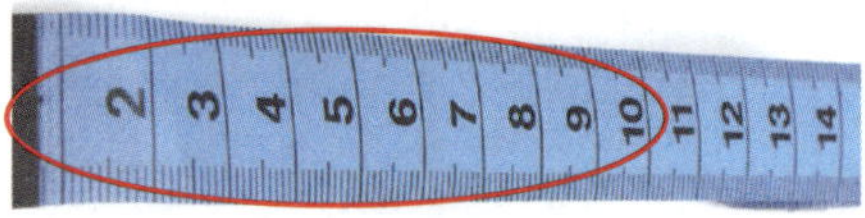

der Dezimeter – *Abk.* dm
decimetre

der Meter – *Abk.* m
metre

der Kilometer – *Abk.* km
kilometre

der Fuß – Umr. 304,8 mm
foot – abbrev. ft

der Zoll – *Abk.* " – *Umr.* 25,4 mm
inch – abbrev. in

die Meile – *Umr.* 1.609,34m
mile – abbrev. mi

das Yard – *Umr.* 914,4 mm
yard – abbrev. yd

der Quadratmillimeter – *Abk.* mm^2
square millimetre – abbrev. sq mm

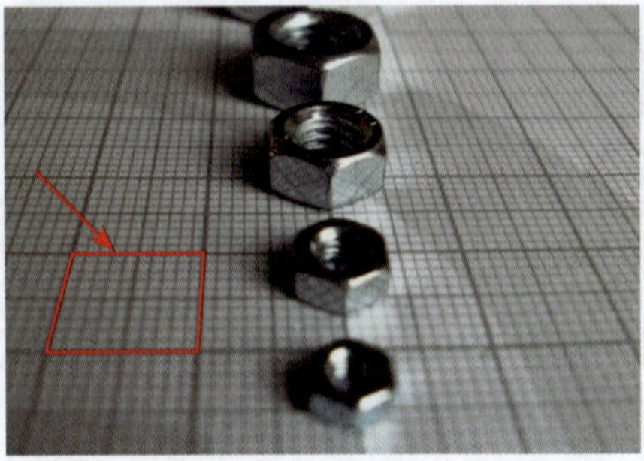

der Quadratzentimeter – *Abk.* cm^2
square centimetre – abbrev. sq cm

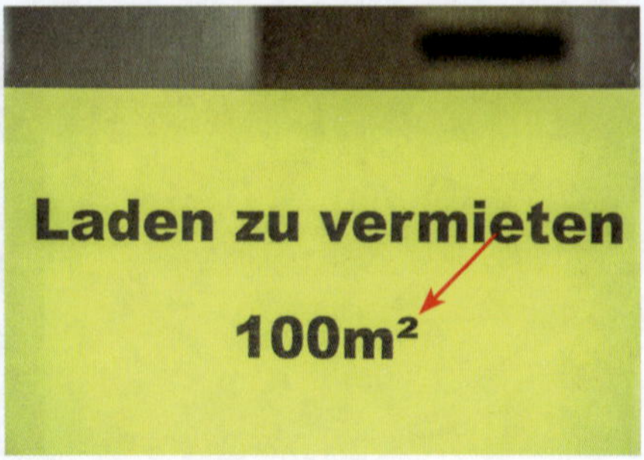

der Quadratmeter – *Abk.* m^2
square metre – abbrev. sq m

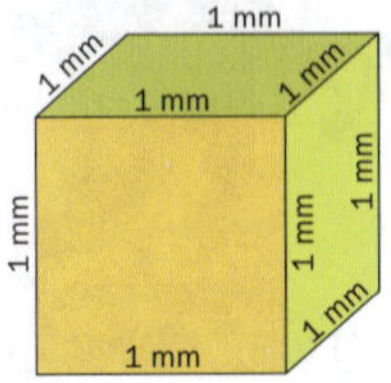

der Kubikmillimeter – *Abk.* mm^3
cubic millimetre

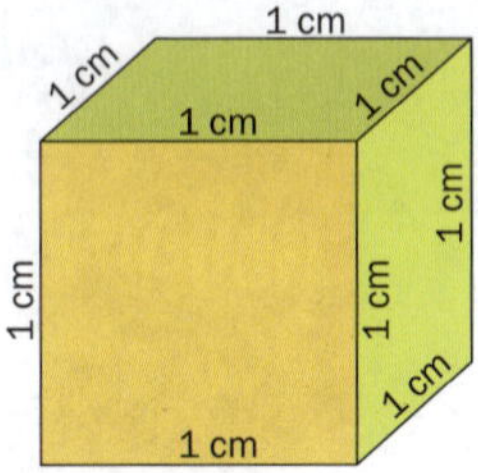

der Kubikzentimeter – *Abk.* cm^3
cubic centimetre

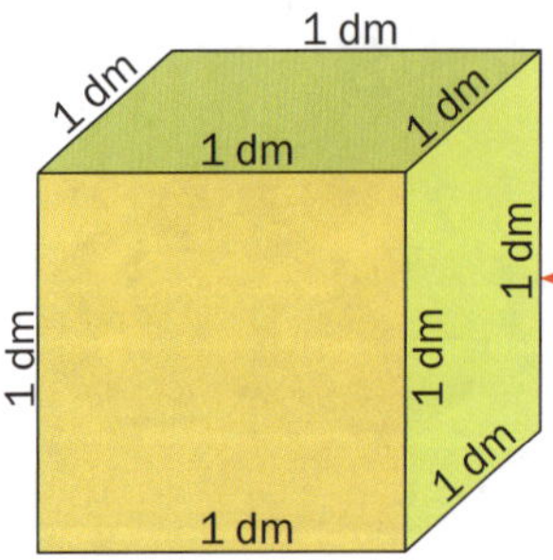

der Kubikdezimeter – *Abk.* dm³
cubic decimetre

der / das Liter – *Abk.* l – *Umr.* 1 dm³ ≈ 1 l
litre

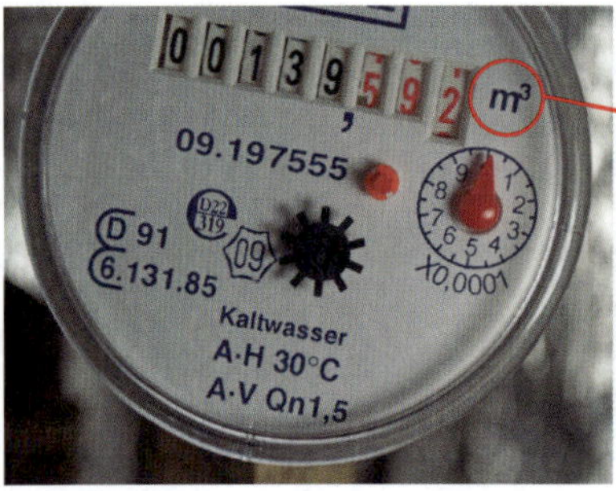

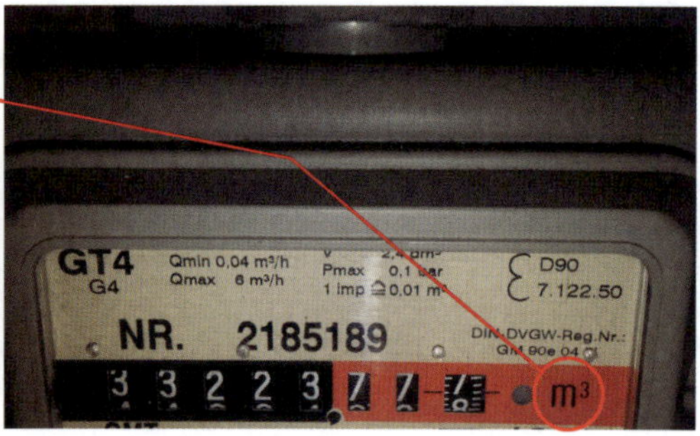

der Kubikmeter – *Abk.* m³
cubic metre

die Gallone (GB) – *Umr.* 4,54609 dm³
gallon (UK) – abbrev. gal.

das Barrel – *Umr.* 158,99 dm³
barrel – abbrev. bl.

die Werkzeuggeschwindigkeit:
tool speed

Meter pro Sekunde – *Abk.* m / s
metre per second – abbrev. mps

die Fahrzeuggeschwindigkeit:
driving speed / vehicle speed

Kilometer pro Stunde –
ugs. Stundenkilometer – *Abk.* km / h
kilometres per hour

Meilen pro Stunde
miles per hour – abbrev. mph

das Thermometer:
thermometer

das Grad Celsius –
Abk. °C
degree Celsius / degree centigrade

das Grad Fahrenheit –
Abk. °F
degree Fahrenheit

die Kraft:
force

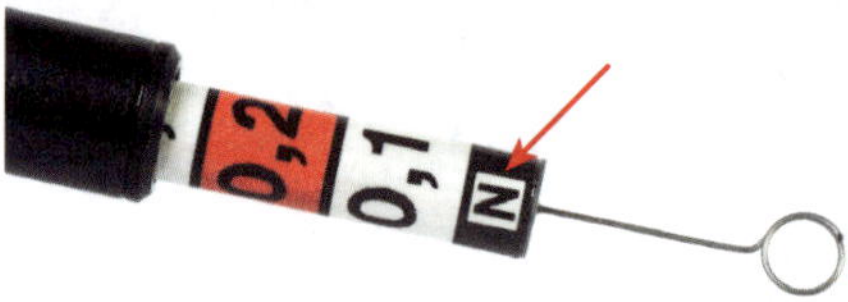

das Newton – *Abk.* N
newton

das Dekanewton – *Abk.* daN
decanewton

die elektrische Arbeit –
ugs. der Stromverbrauch:
electric(al) work – coll. power consumption

die Kilowattstunde – *Abk.* kWh
kilowatt hour – abbrev. kWh

1.8 Zahlungsverkehr – Payment transactions

das Bargeld
cash / cash money

die Münze –
ugs. das Hartgeld
coin

die Banknote – *ugs.* der Geldschein
banknote / paper money

bar bezahlen
to pay in cash

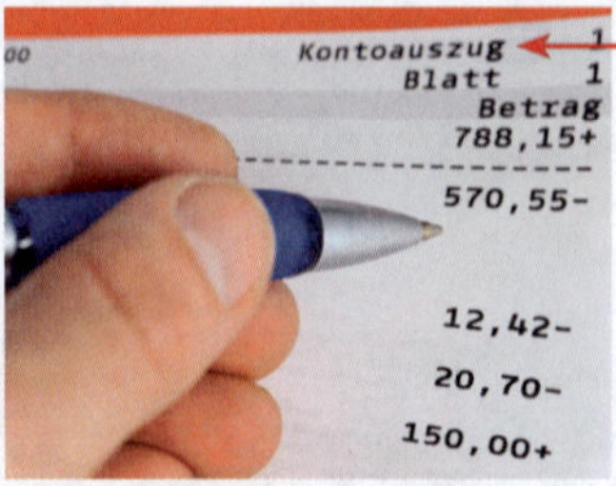

das Gehaltskonto – *ugs.* das Girokonto
salary account – coll. giro account

der Kontoauszug
account statement

die Bankkarte
bank card

die Giro-Karte – *ugs.* die EC-Karte
giro card

die Kreditkarte
credit card / plastic

die PIN-Nummer
PIN number

das Kartenlesegerät
card reader machine

bargeldlos bezahlen
to make cashless payment

der Geldautomat
cashpoint / ATM

Geld abheben
to draw money / to take out money

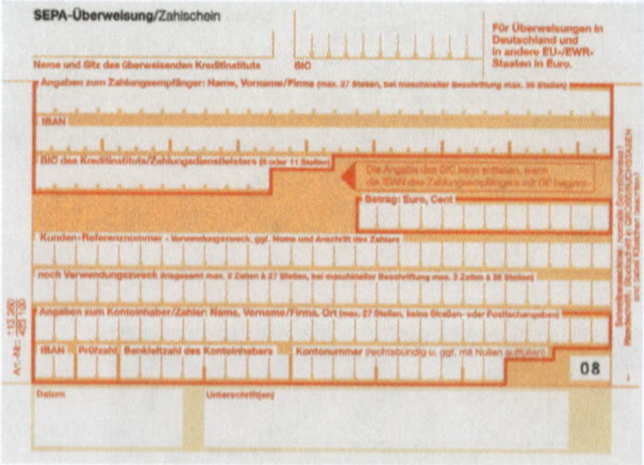

das Überweisungsformular
(bank) transfer form

Geld überweisen
to transfer money / to remit money

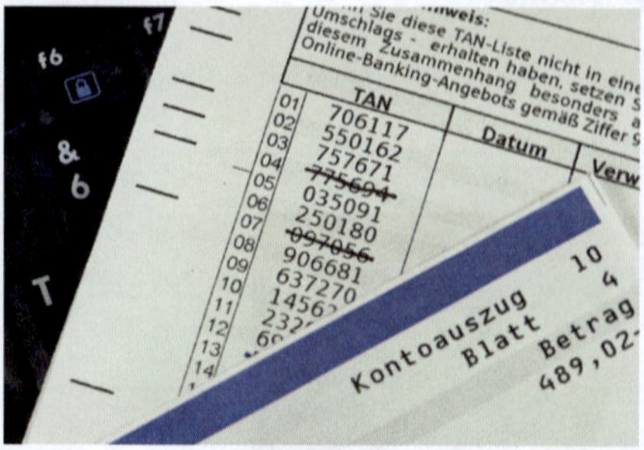

die TAN-Liste
TAN list

der TAN-Generator
TAN generator

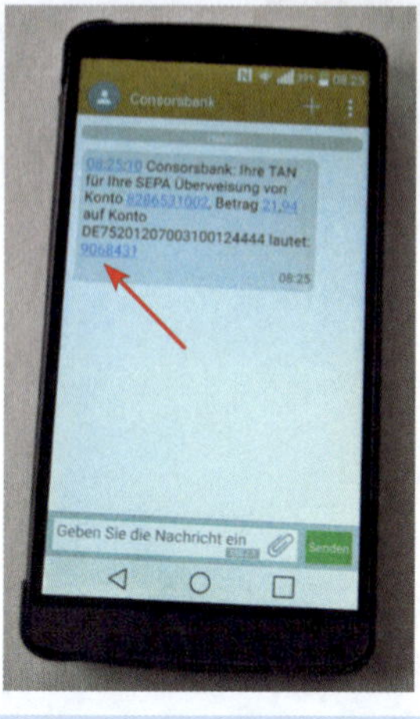

die SMS-TAN
SMS TAN

2 Arbeitsschutz und Umweltschutz – Occupational safety and environment protection

2.1 Erste Hilfe, Verhaltensregeln – First aid, codes of conduct

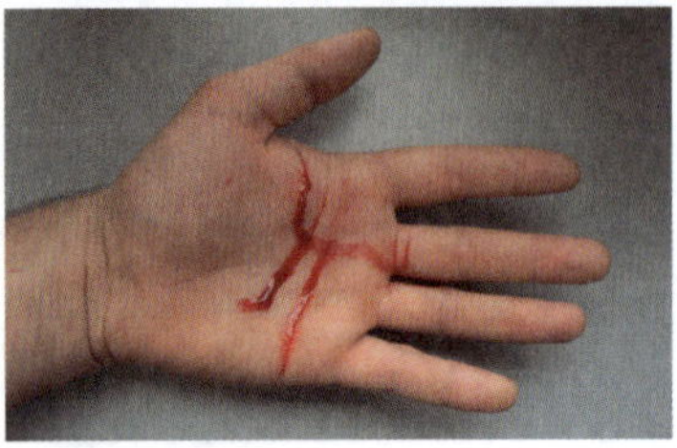

der Arbeitsunfall
accident of work

das Feuer
fire

der Brand
fire accident

löschen
to put out / to extinguish

der Notruf
emergency call

das Telefon
telephone / phone

das Mobiltelefon – *ugs.* das Smartphone
mobile (phone) / cell phone

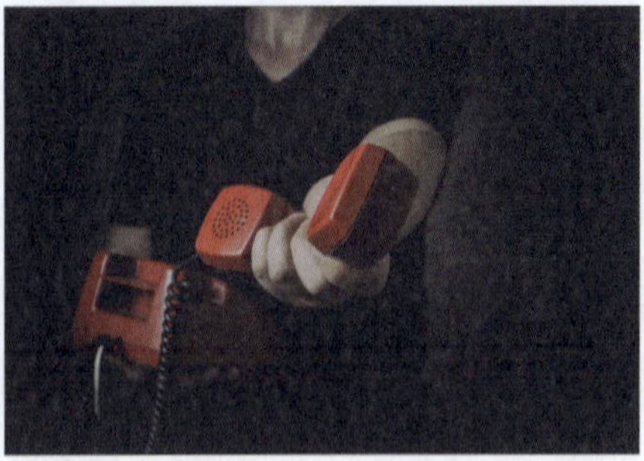

(jemanden) anrufen
to call (somebody)

die Polizei – *ugs.* die 110
police / constabulary

der Rettungsdienst – *ugs.* die 112
emergency medical service / rescue service

die Feuerwehr – *ugs.* die 112
fire service

der Giftnotruf – *ugs.* die 19240
poison center / poisoning

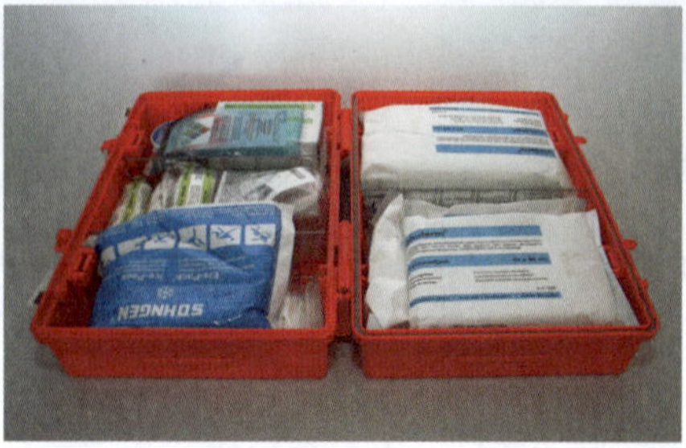

der Verbandskasten –
ugs. der Erste-Hilfe-Kasten
ambulance box / medical kit – coll. first aid box

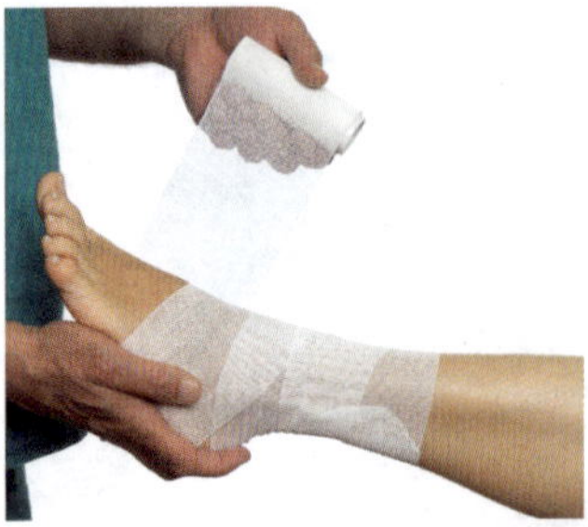

der Wundverband – *ugs.* der Verband
bandage / (wound) dressing

(die Wunde) verbinden
to dress (the wound)

das Pflaster
plaster

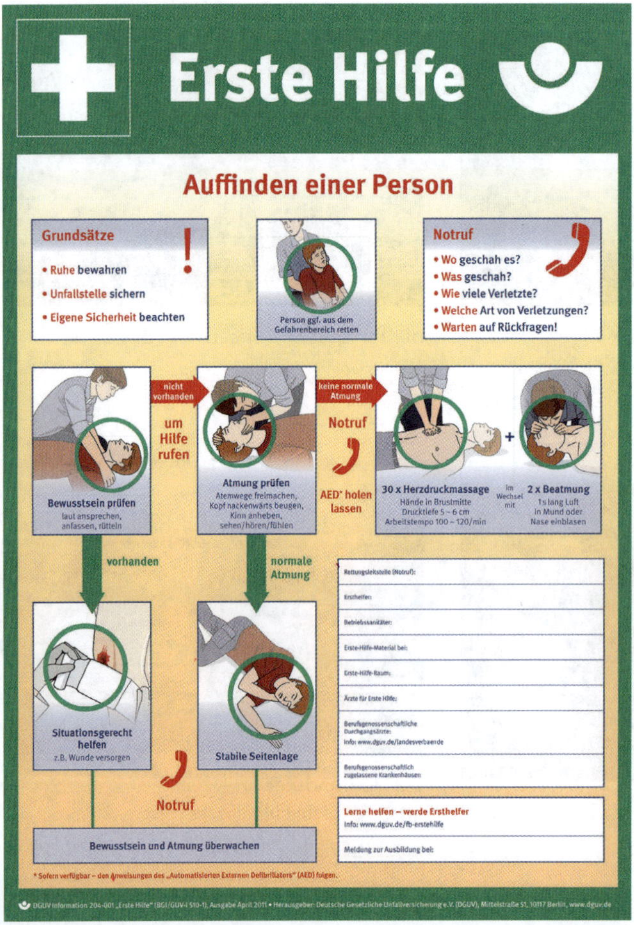

die Anleitung zur Ersten Hilfe
first aid guide

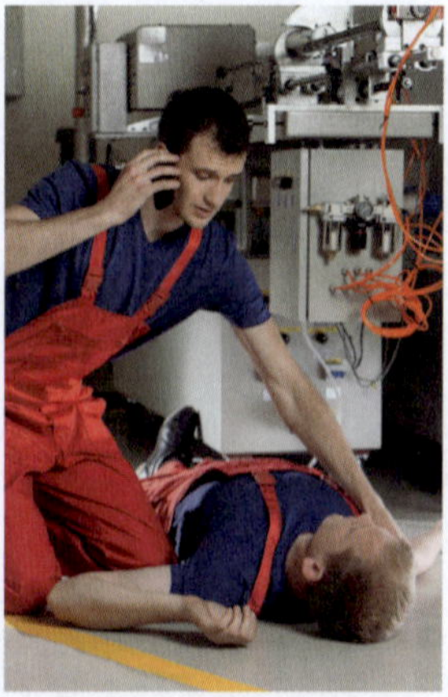

Erste Hilfe leisten – *ugs.* erstversorgen
to administer first aid / to give first aid

die Augendusche
eye douche / eye shower

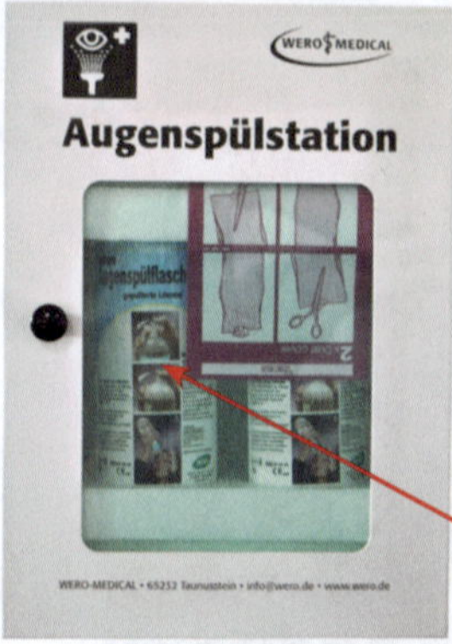

die Augen-spülstation
eye wash station

die Augen-spülflasche
eye wash bottle

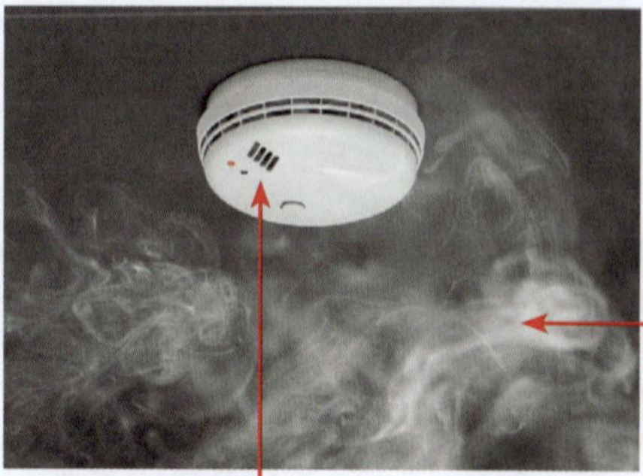

der Rauchmelder
smoke detector

der Rauch – *ugs.* der Qualm
smoke – coll. fume

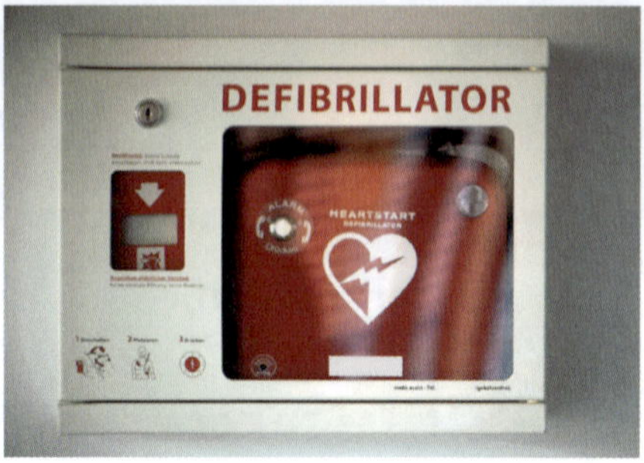

der Defibrillator
defibrillator

der Brand-melder – *ugs.* der Feuermelder
fire alarm

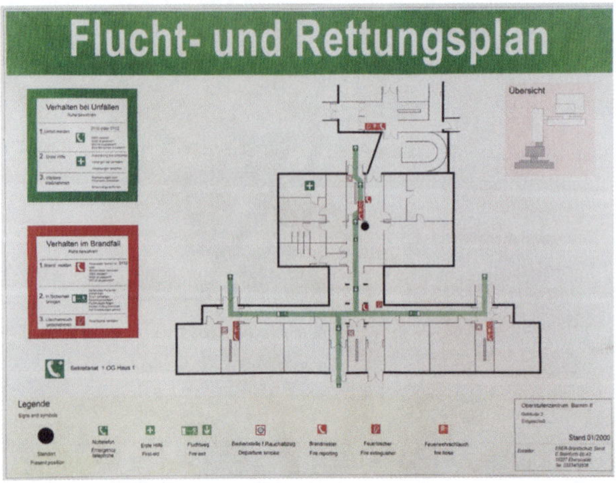

der Flucht- und Rettungsplan
evacuation plan

flüchten / sich retten
to escape / to rescue

der Rettungsweg
escape route

der Notausgang
emergency exit / fire exit

der Feuer-
löscher
fire extinguisher

die Brandschutztür
fire door

das Feuer richtig löschen:
to extinguish the fire correctly / to quench the fire correctly

in Windrichtung
downwind

vorne beginnen
to start from the beginning

von oben nach unten
top down

gleichzeitig benutzen
to use simultaneously

auf Wiederentzündung achten
to watch out for reignition / to pay attention to reignition

gebrauchte Feuerlöscher austauschen
to exchange used fire extinguisher / to replace used fire extinguisher

die Sprinkleranlage
sprinkler system / fire sprinkler

der Hydrant
fire hydrant / fireplug

2.2 Arbeitsschutz – Occupational health and safety

die persönliche Schutzausrüstung
personal protective equipment

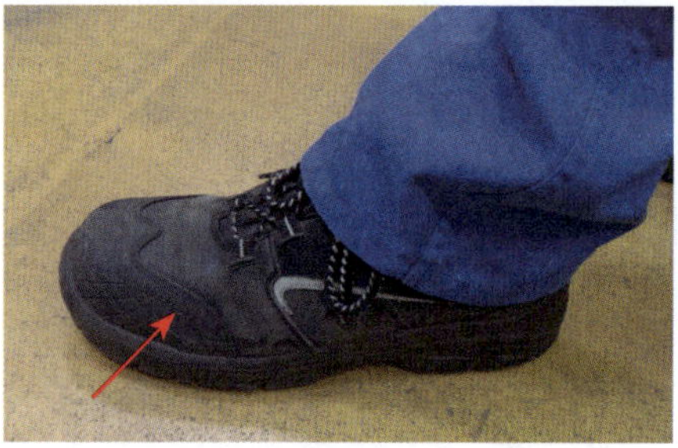

der Sicherheitsschuh – *ugs.* der Arbeitsschuh
safety boot

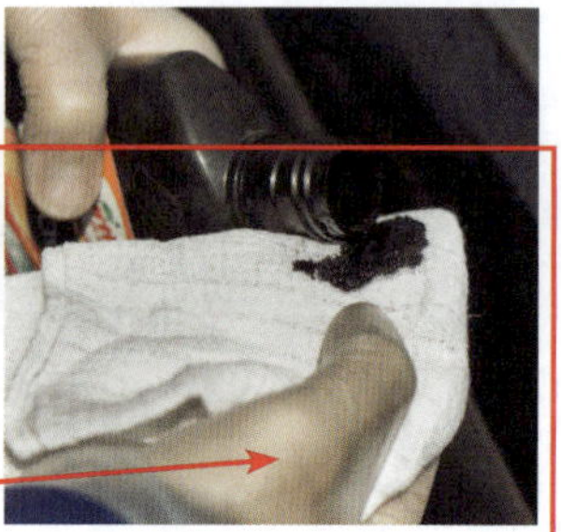

der Schutzhandschuh
safety glove

die Schutzbrille
goggles

die Schweißerschutzbrille –
ugs. die Schweißerbrille
welder's goggles

der Schutzhelm – *ugs.* der Arbeitshelm
hard hat

der Gehörschützer – *ugs.* der Ohrenschützer
ear protection

der Gehörschutzstöpsel – *ugs.* das Ohropax
ear plug

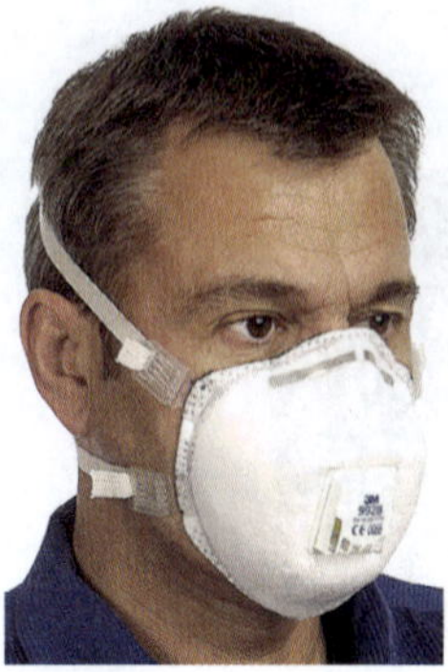

die Atemschutzmaske – *ugs.* die Atemmaske
respirator / filter mask

die Atemschutzvollmaske –
ugs. die Gasmaske
full face piece respirator /
full protection breathing mask – coll. gas mask

2.3 Arbeitskleidung – Workwear

die Arbeitshose
work trousers / work pants

die Arbeitslatzhose
work dungarees

der Arbeitsoverall
boiler suit / coverall

die Arbeitsshorts
work shorts

der Arbeitskittel
smock / work coat

das Kurzarm-T-Shirt
short-sleeved T-Shirt

das Langarm-T-Shirt
long-sleeved T-Shirt

das Arbeitshemd
work shirt

der Arbeitshandschuh
work glove

die Arbeitsweste
work waistcoat / work vest

die Thermoweste
body warmer

die Arbeitsjacke
work jacket

die Fleecejacke
fleece jacket

die Softshelljacke
softshell jacket

die Winterjacke
winter jacket

die Warnschutzweste
safety vest

das Putztuch – *ugs.* der Schmutzlappen
cleaning rag / cleaning cloth

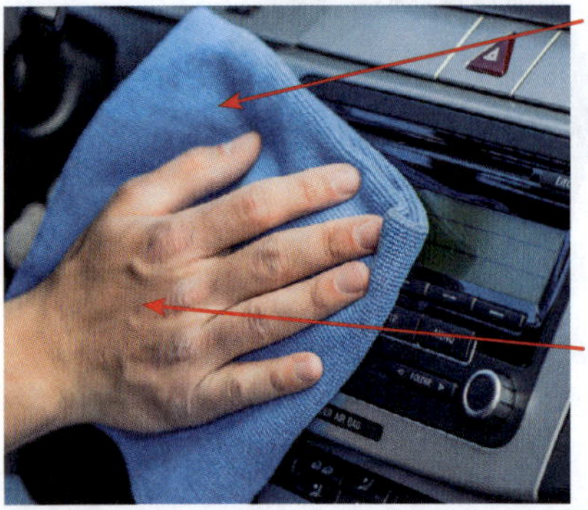

das Mikrofasertuch
microfibre cloth

(das Fahrzeug) putzen
to clean (the car)

2.4 Sicherheitszeichen für die Unfallverhütung – Safety symbols for prevention of accidents

Sicherheitsfarben – Safety colours

das Verbot
prohibition

das Gebot
mandatory action

die Warnung
warning

die Gefahrlosigkeit
safe condition / safety

der Brandschutz
fire safety / fire protection

Verbotszeichen – No signs

das allgemeine Verbotszeichen
general no sign

(das) Rauchen verboten
No smoking

(die / das) offene Flamme, Feuer verboten
No naked flames

für (den/die) Fußgänger verboten
No pedestrian access

Kein Trinkwasser
No drinking water

für (die) Flurförderzeuge verboten
No forklifts / no industrial vehicles

(das) Berühren verboten
Do not touch

mit Wasser löschen verboten
Do not extinguish with water

keine schwere Last
No heavy load

(das) eingeschaltete(s) Mobiltelefon verboten
Keep off cell phones

(das) Hineinfassen verboten
Do not reach into

(das) Aufsteigen verboten
Do not step

(den) Aufzug im Brandfall nicht benutzen
In case of fire do not use lift

(das) Essen und Trinken verboten
No eating or drinking

(das) Abstellen verboten
No storing or placing

(das) Betreten der Fläche verboten
Keep off this area

(die) Personenbeförderung verboten
Unauthorized persons not to use lift

(das) Benutzen von Handschuhen verboten
Do not wear gloves

(das) Fotografieren verboten
No photography

(das) Schalten verboten
Do not switch

(das) Seitenschleifen verboten
Do not use for face grinding

(das) handgeführte(s) Schleifen verboten
No freehand grinding

kein Zutritt für Unbefugte
No unauthorized access

(das) Besteigen für Unbefugte verboten
Do not climb

(das) Treten hinter den Schwenkarm verboten
Do not stand near moving arm

Gebotszeichen – Mandatory action signs

das allgemeine Gebotszeichen
general mandatory sign

(die) Anleitung beachten
Read operator's manual

(den) Gehörschutz benutzen
Wear ear protection

(den) Augenschutz benutzen
Wear eye protection

vor (der) Benutzung erden
Connect earth terminal to ground

(den) Netzstecker ziehen
Disconnect mains plug

(den) lichtundurchlässigen Augenschutz benutzen
opaque eye protection must be worn

(den) Fußschutz benutzen
Wear foot protection

(den) Handschutz benutzen
protective gloves / wear safety gloves

(die) Schutzkleidung benutzen
Wear protective clothing / safety clothing

(die) Hände waschen
Wash your hands

(den) Gesichtsschutz benutzen
Wear face shield

(den) Kopfschutz benutzen
Wear hard hat

(die) Warnweste benutzen
Wear high visibility vest

(die) Maske benutzen
Wear mask

(den) Atemschutz benutzen
Wear respirator

(den) Auffanggurt benutzen
Wear safety harness

(die) Schweißmaske benutzen
Wear welding mask

(das) Rückhaltesystem benutzen
Wear safety belts

vor (der) Wartung oder (der) Reparatur freischalten
Disconnect before carrying out maintenance or repair

(das) Hautschutzmittel benutzen
Use skin protection

(den) Übergang benutzen
Use crossing

(den) Fußgängerweg benutzen
Use this walkway

(die) Schutzschürze benutzen
Use protective apron

(das) Sperren
Lock

Warnzeichen – Warning signs

das allgemeine Warnzeichen
general warning sign

Warnung vor:
warning of:

(die) explosionsgefährliche(n) Stoffe
explosive substances

(die) radioaktive(n) Stoffe / ionisierende Strahlung
ionizing radiation

(der) Laserstrahl
laser beam

(die) nicht ionisierende Strahlung
non-ionizing radiation

(das) magnetische(s) Feld – *ugs.* Magnetfeld
magnetic field

(die) Hindernisse am Boden
floor level obstacles

(die) Absturzgefahr
danger of falling

(die) Biogefährdung
biohazard

(der) Frost / (die) niedrige Temperatur
frost / low temperature

(die) Rutschgefahr
danger of slipping

(die) elektrische Spannung
(electric) high voltage

(die) Flurförderzeuge
forklift traffic

(die) schwebende Last
suspended load

(die) giftige(n) Stoffe
toxic substances

(der) automatische(r) Anlauf
automatic machinery may start without warning

(die) Quetschgefahr
crush zone

(die) Hindernisse im Kopfbereich
overhead hazards

(die) feuergefährliche(n) Stoffe
highly flammable materials

(die) ätzende(n) Stoffe
corrosive substances

(die) Handverletzungen
hand injuries

(die) optische Strahlung
optical radiation

(die) brandfördernde(n) Stoffe
oxidizing agents

(die) Gasflaschen
gas cylinders

(die) Gefahren durch das Aufladen von Batterien
dangers through recharging batteries

Rettungszeichen – Emergency signs

die Erste Hilfe
first aid

das Notruftelefon
emergency telephone

die Sammelstelle
emergency assembly point

die Notausgangsvorrichtung, erreichbar nach Zerschlagen einer Scheibe
in case of fire break glass to release door

der Arzt
doctor

die Augenspüleinrichtung
eyewash station

die Krankentrage
stretcher

der Rettungsausstieg
emergency exit with access to fire ladder

das Öffnen durch Rechtsdrehung
turn clockwise to open

der automatisierte externe Defibrillator – *Abk.* AED
automated external defibrillator

die Notdusche
emergency shower

der Notausstieg mit Fluchtleiter
emergency window with escape ladder

der Notausgang rechts
emergency exit to the right

Brandschutzzeichen – Fire safety signs

der Feuerlöscher
fire extinguisher

der Löschschlauch
fire hose reel

die Feuerleiter
fire ladder

(die) Mittel und Geräte zur Brandbekämpfung
fire equipment

der Brandmelder – *ugs.* der Feuermelder
fire alarm

das Brandmeldetelefon
fire phone

Zusatzzeichen – Supplementary signs

das Kombinationszeichen
combined sign

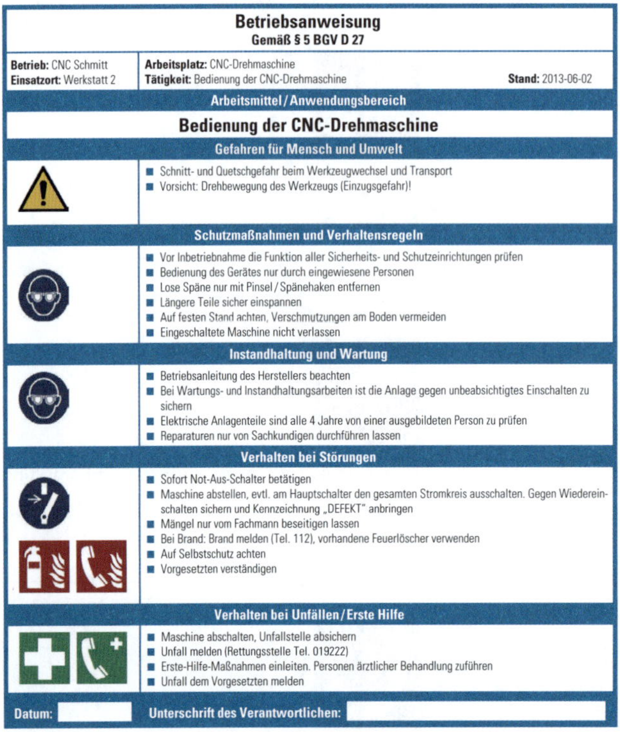

Betriebsanweisung
Gemäß § 5 BGV D 27

Betrieb: CNC Schmitt **Einsatzort:** Werkstatt 2	**Arbeitsplatz:** CNC-Drehmaschine **Tätigkeit:** Bedienung der CNC-Drehmaschine	**Stand:** 2013-06-02

Arbeitsmittel / Anwendungsbereich

Bedienung der CNC-Drehmaschine

Gefahren für Mensch und Umwelt

- Schnitt- und Quetschgefahr beim Werkzeugwechsel und Transport
- Vorsicht: Drehbewegung des Werkzeugs (Einzugsgefahr)!

Schutzmaßnahmen und Verhaltensregeln

- Vor Inbetriebnahme die Funktion aller Sicherheits- und Schutzeinrichtungen prüfen
- Bedienung des Gerätes nur durch eingewiesene Personen
- Lose Späne nur mit Pinsel / Spänehaken entfernen
- Längere Teile sicher einspannen
- Auf festen Stand achten, Verschmutzungen am Boden vermeiden
- Eingeschaltete Maschine nicht verlassen

Instandhaltung und Wartung

- Betriebsanleitung des Herstellers beachten
- Bei Wartungs- und Instandhaltungsarbeiten ist die Anlage gegen unbeabsichtigtes Einschalten zu sichern
- Elektrische Anlagenteile sind alle 4 Jahre von einer ausgebildeten Person zu prüfen
- Reparaturen nur von Sachkundigen durchführen lassen

Verhalten bei Störungen

- Sofort Not-Aus-Schalter betätigen
- Maschine abstellen, evtl. am Hauptschalter den gesamten Stromkreis ausschalten. Gegen Wiedereinschalten sichern und Kennzeichnung „DEFEKT" anbringen
- Mängel nur vom Fachmann beseitigen lassen
- Bei Brand: Brand melden (Tel. 112), vorhandene Feuerlöscher verwenden
- Auf Selbstschutz achten
- Vorgesetzten verständigen

Verhalten bei Unfällen / Erste Hilfe

- Maschine abschalten, Unfallstelle absichern
- Unfall melden (Rettungsstelle Tel. 019222)
- Erste-Hilfe-Maßnahmen einleiten. Personen ärztlicher Behandlung zuführen
- Unfall dem Vorgesetzten melden

Datum: **Unterschrift des Verantwortlichen:**

die Betriebsanweisung (Maschine)

(machine) operating instructions

Sicherheitsmarkierungen – Safety markings

das Kennzeichnen von potenziellen Gefahren

warns of potential dangers

das Kennzeichnen von Zutrittsverboten

warns against unauthorized access

das Kennzeichnen von Geboten

warns of mandatory action

das Kennzeichnen eines gefahrlosen Bereichs

used for safe areas

GHS-Piktogramme für Gefahrstoffe –
GHS pictograms for hazardous substances

explosiv
explosive

entzündbar / selbstentzündlich
flammable / self-igniting

oxidierend
oxidizing

gefährliche Gase
hazardous gases

hautätzend / metallkorrosiv / augenschädigend
skin corrosive / corrosive to metals / harmful to the eyes

akut toxisch
acutely toxic

akut toxisch / ozonschädigend / reizend / betäubend / allergisch
acutely toxic / ozone-depleting / irritant / anaesthetic / allergic

krebserzeugend / mutagen / gesundheitsschädlich / organschädigend
carcinogenic / mutagenic / harmful / organ damaging

gewässergefährdend
hazardous to the aquatic environment

Gefahrgutklassen – Dangerous goods classes

Gefahrgutklasse 1:
dangerous goods class 1:

explosionsgefährlich
explosive

Unterklassen:
subclasses:

Gefahrgutklasse 2:
dangerous goods class 2:

entzündbare Gase
flammable gases

nicht entzündbare Gase, nicht giftige Gase
non-flammable gases, non-poisonous gases

giftige Gase
poisonous gases / toxic gases

Gefahrgutklasse 3:
dangerous goods class 3:

entzündbare flüssige Stoffe
flammable liquids

Gefahrgutklasse 4:
dangerous goods class 4:

entzündbare feste Stoffe
flammable solid substances / flammable solids

selbstentzündliche Stoffe
self-igniting substances / spontaneously flammable solids

Stoffe, die bei Berührung mit Wasser entzündbare Gase entwickeln
inflammable gas, when in contact with water / contact with water liberates flammable gas

Gefahrgutklasse 5:
dangerous goods class 5: ______________

entzündend (oxidierend) wirkende Stoffe
igniting (oxidizing) substances

____

organische Peroxide
organic peroxides

____

Gefahrgutklasse 6:
dangerous goods class 6: ______________

giftige Stoffe
toxic substances / poisonous substances

____

____

ansteckungsgefährliche Stoffe
contagious substances

____

____

Gefahrgutklasse 7:
dangerous goods class 7: ______________

Kategorie I
category I

____

Kategorie II
category II

____

Kategorie III
category III

____

spaltbare Stoffe
fissile materials

____

Gefahrgutklasse 8:
dangerous goods class 8: ______________

ätzende Stoffe
corrosive substances

____

Gefahrgutklasse 9:
dangerous goods class 9: ______________

verschiedene gefährliche Stoffe
miscellaneous / various toxic / poisonous substances

____

____

Lithiumbatterien
lithium batteries

____

die Gefahrentafel für Gefahrgut-Kraftfahrzeuge
oben: Gefahrnummer – unten: Stoffnummer
orange plate for transport of dangerous goods
on top: hazard number – down: substance number

(der) allgemeine(r) Hinweis
general note

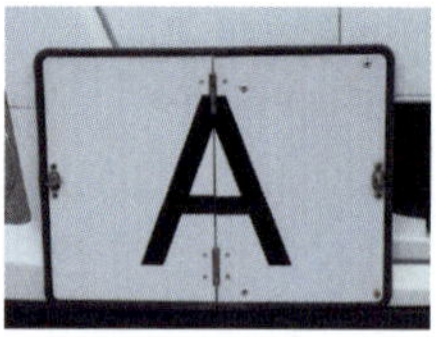

die Abfallkennzeichnung – *ugs.* das A-Schild
waste label

Zusätzliche Schutzeinrichtungen – Additional protective equipment

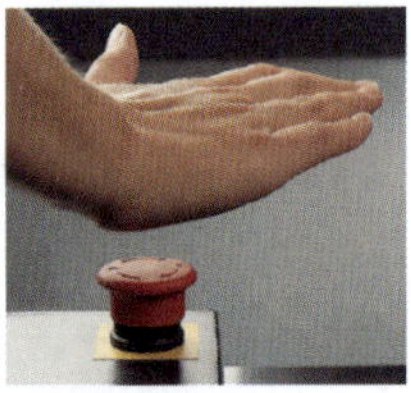

der Not-Aus-Taster
emergency stop

der Einschaltschutz
lockout device

die trennende Schutzeinrichtung
isolating protective equipment

2.5 Umweltschutz – Environment protection

die Emission
emission

die Immission
immission

das Bundes-Immissionsschutzgesetz – *Abk.* das BImSchG

Federal Pollution Control Act / Federal Immission Control Act

das Kreislaufwirtschafts- und Abfallgesetz – *Abk.* das KrW-/AbfG

Recycling And Waste Management Act / Closed Substance Cycle And Waste Management Act

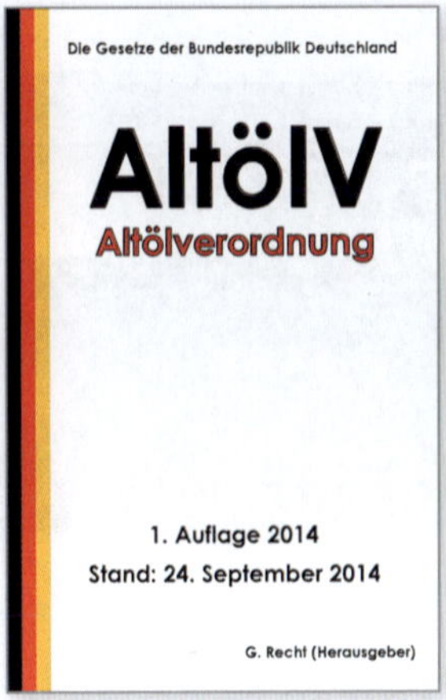

die Altölverordnung – *Abk.* die AltölV

Waste Oil Ordinance / Waste Oil Regulation

der Abfall

waste / rubbish

2

die Wiederverwendung

reuse

die Weiterverwendung

further use / continued use

die Weiterverwertung

reprocessing

das Kunststoffgranulat

plastic granulate

die Wiederverwertung

recycling

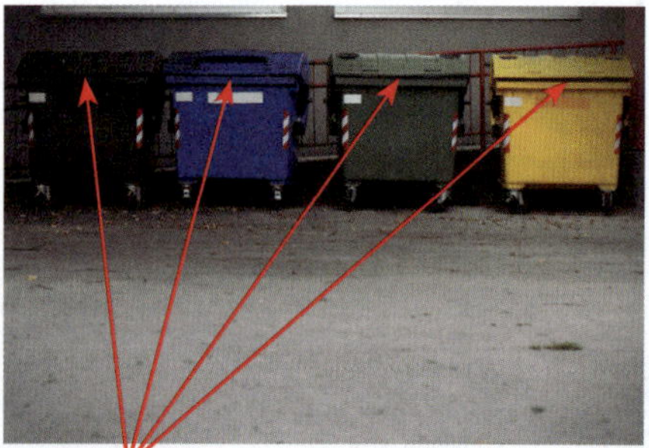

Müll trennen

to separate waste

die Mülltrennung

waste separation

der gefährliche Abfall
hazardous waste / dangerous waste

das Altpapier
waste paper / recycled paper / scrap paper

das Altglas
waste glass / used glass

der Altreifen
used tyre / end-of-life tyre

das Altmetall – *ugs.* der Schrott
scrap metal / discarded metal – coll. scrap

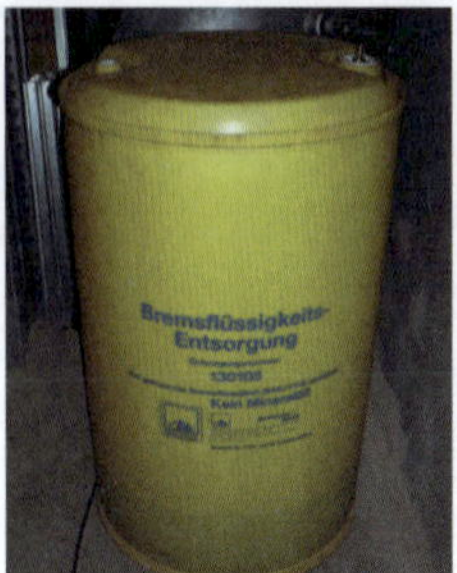

die (alte) Bremsflüssigkeit
(old) brake fluid

die Altbatterie
used battery

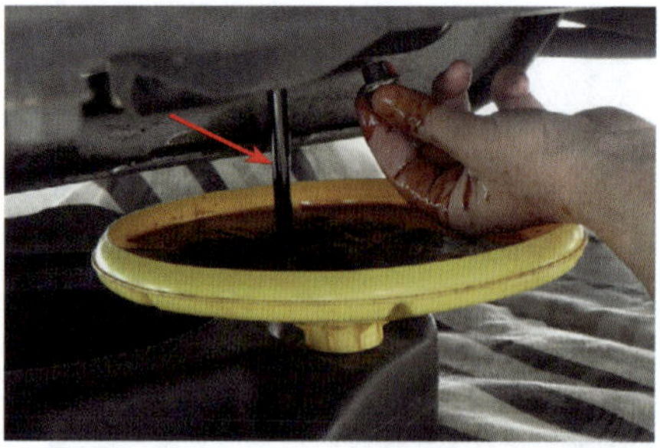

das Altöl
waste oil / used oil

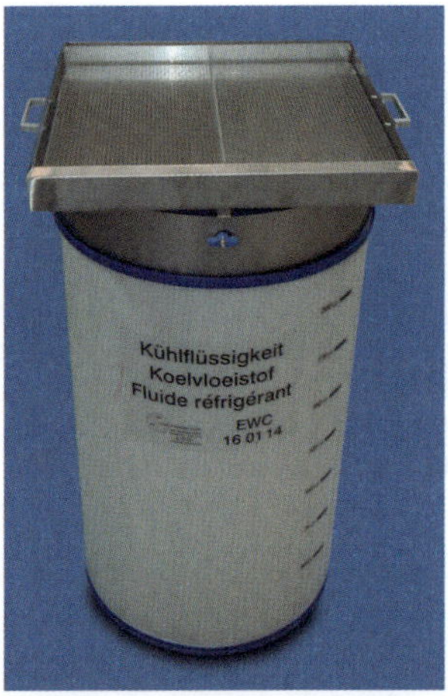

das (alte) Motorkühlmittel – *ugs.* das Kühlwasser
(old) engine coolant

die (alte) Energiesparlampe
(old) energy-saving lamp

die (alte) Scheinwerferlampe
(old) headlight lamp / headlight bulb

der Sammelbehälter
collecting tank / collection container

der Abfallbehälter – *ugs.* der Mülleimer
(waste) bin – coll. dustbin

der Abfallcontainer – *ugs.* die Mülltonne
garbage container / dumpster – coll. dustbin

der Altglascontainer
bottle bank

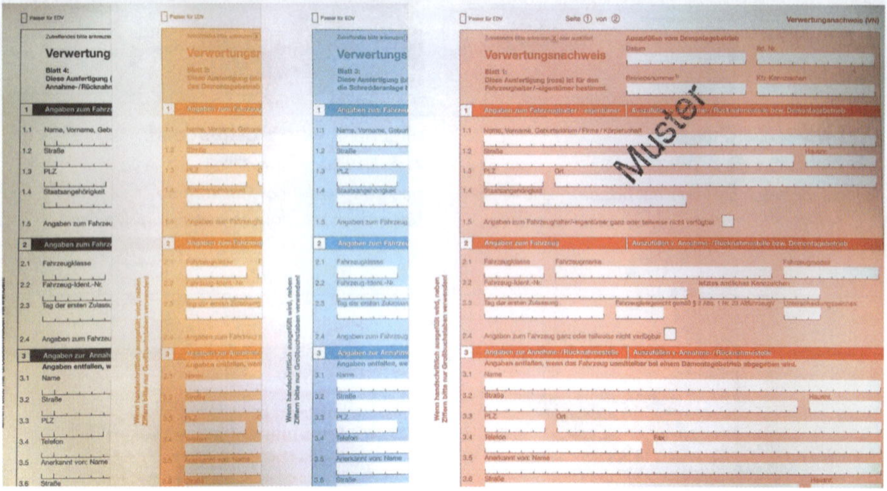

der Verwertungsnachweis
certificate of destruction

die Altfahrzeugverordnung – *Abk.* die AltfahrzeugV

End-of-Life Vehicle Ordinance

das Wasserhaushaltsgesetz – *Abk.* das WHG

Federal Water Act

nicht wassergefährdend:
z. B. Schrott – *Abk.* nwg

not water contaminating / not hazardous to water: e. g. scrap / waste metal

allgemein wassergefährdend:
z. B. Lauge – *Abk.* awg

generally water contaminating / basically hazardous to water: e. g. lye / suds

schwach wassergefährdend:
z. B. Motorkühlflüssigkeit – *Abk.* WGK 1

slightly water contaminating / low hazardous to water: e. g. (engine) coolant

deutlich wassergefährdend:
z. B. Motoröl – *Abk.* WGK 2
significantly water contaminating / clearly hazardous to water: e. g. engine oil / motor oil

stark wassergefährdend:
z. B. Altöl – *Abk.* WGK 3
severely water contaminating / very hazardous to water: e. g. waste oil / used oil

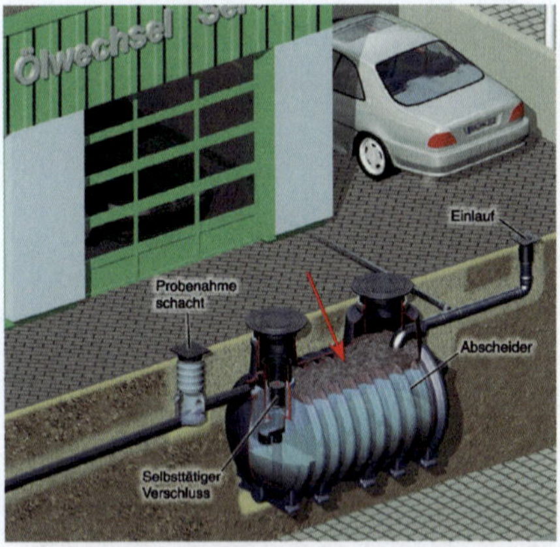

der Öl-Benzin-Abscheider
oil-petrol separator

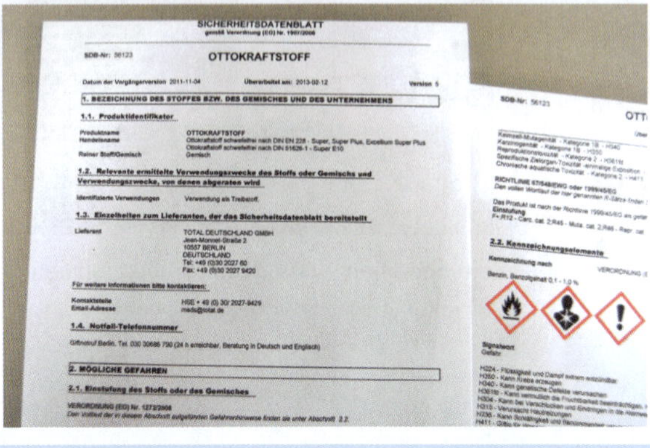

das Sicherheitsdatenblatt
safety data sheet / safety dossier

3 Der KFZ-Betrieb – (Motor) Vehicle shop

3.1 Automobilbranche – Automotive sector

der Automobilhersteller –
ugs. der KFZ-Hersteller
automobile manufacturer / carmaker –
coll. vehicle manufacturer

die Autovermietung
car hire / car rental

das Taxi-Unternehmen
taxi company / cab company

der Automobilhändler
car dealer / auto dealer

die Fahrgemeinschaft
car sharing

die Spedition – *ugs.* das Fuhrunternehmen
forwarding agency / trucking company –
coll. haulage business

der anerkannte Altfahrzeug-Demontagebetrieb – *ugs.* der Autoverwerter
authorized end-of-life vehicle dismantler – coll. automobile recycler

die anerkannte Annahmestelle für Altfahrzeuge
authorized end-of-life vehicle collection point

KFZ-Reparaturbetrieb – Car repair shop

die typenoffene KFZ-Werkstatt – *ugs.* die freie Werkstatt
independent car workshop

KFZ-Werkstattkette
car workshop chain

die KFZ-Vertragswerkstatt
authorized car repair shop / contract workshop

der KFZ-Meisterbetrieb
car master workshop

die Tankstelle mit KFZ-Reparaturservice
petrol station with car repair services

die Karosserie-Reparaturwerkstatt
body (repair) shop

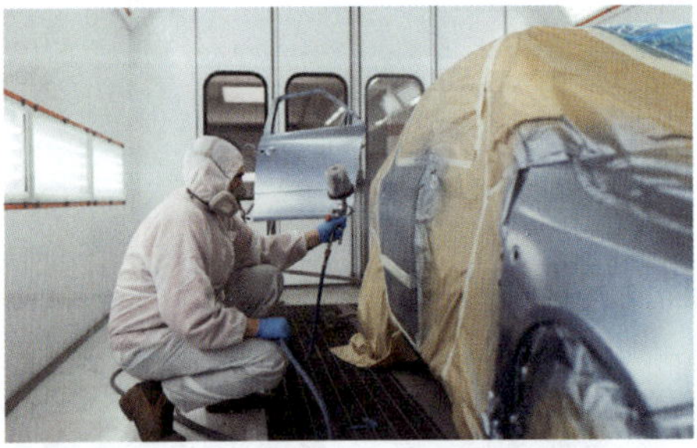

die Lackiererei
paintshop

3.2 Berufe im Kraftfahrzeuggewerbe – Professions in car repair trade

der / die KFZ-Mechatroniker / -in –
ugs. der / die KFZ-Mechaniker / -in
automotive mechatronics engineer – coll. motorcar mechanic

der / die Land- und Baumaschinenmechatroniker / -in
agricultural and construction equipment mechatronics engineer

der / die Zweiradmechatroniker / -in
(motor)bike and bicycle mechatronics engineer

der / die Fahrzeuglackierer / -in –
ugs. der / die Lackierer / -in
automobile painter / car varnisher

der / die Karosserie- und Fahrzeugbau-mechaniker / -in –
ugs. der / die Karosseriebauer / -in
body and vehicle construction mechanic

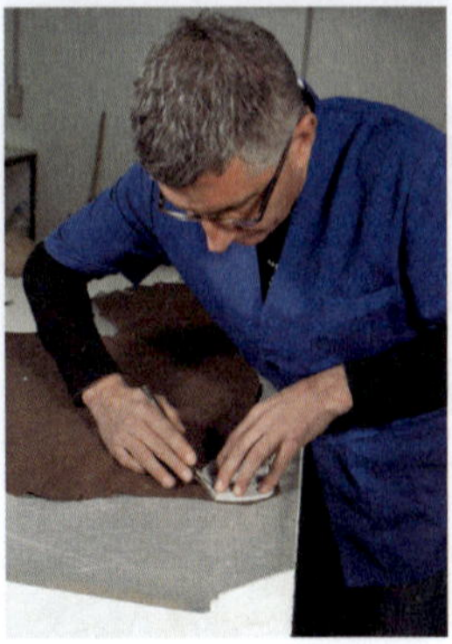

der / die Fahrzeuginnenausstatter / -in
automotive interior decorator

der / die Berufskraftfahrer / -in
commercial driver / professional driver

der / die Automobilkaufmann / -frau
automobile salesperson / sales management assistant

der / die Tankwart / -in
petrol attendant / filling station attendant

der / die Mechaniker / -in
für Reifen- und Vulkanisationstechnik
vulcanizer and tyre mechanic

die Fachkraft für Lagerlogistik
warehouse logistics specialist

der / die Fachlagerist / -in
warehouse clerk / warehouse operator

3.3 Werkstattpersonal – Workshop personnel

Geschäftsleitung – Management

der / die Werkstattinhaber / -in –
ugs. der / die Werkstattchef / -in
repair shop owner / workshop owner – coll. workshop supervisor

der / die Geschäftsführer / -in
manager

3

Kundenberatung – Customer service

der / die Automobilverkäufer / -in
automobile salesperson /
automobile sales management assistant

der / die Kundendienstberater / -in
customer service representative

der / die Serviceleiter / -in
service manager

KFZ-Instandhaltung – Motor vehicle maintenance

der / die Werkstattmeister / -in
master craftsman / master mechanic

der / die KFZ-Meister / -in
automobile technician / car mechanic master craftsman

der / die KFZ-Sachverständige – *ugs.* der / die KFZ-Gutachter / -in
automotive expert / motor vehicle expert – coll. motor vehicle assessor

der / die Geselle / Gesellin – der / die Facharbeiter / -in
journeyman / assistant – skilled worker / craftsman

der / die Auszubildende – *ugs.* der Lehrling
apprentice / trainee

der / die Lagerist / -in
storeman / warehouse clerk

Verwaltung – Administration

der / die Kaufmann / -frau für Büromanagement
assistant for office management / office management assistant

3.4 Reparaturablauf – Repair procedure

Fahrzeuginstandhaltung – Vehicle maintenance

die Wartung
service

die Inspektion
inspection / check

die Instandsetzung
repair / overhaul

das Schaden(s)gutachten
surveyor's report

Der Kundenauftrag – Customer's order

die Kundenanfrage
customer enquiry / customer query

das Annahmegespräch
accepting conversation / accepting dialogue

der Kostenvoranschlag
quotation / estimate

der Reparaturauftrag / der Arbeitsauftrag
repair order / work order

der Arbeitsablauf
workflow / working process

die Fahrzeugabnahme
vehicle acceptance

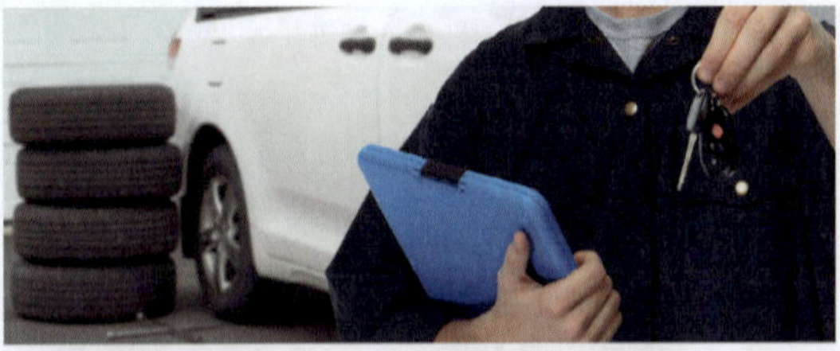

die Fahrzeugübergabe
delivery of the vehicle

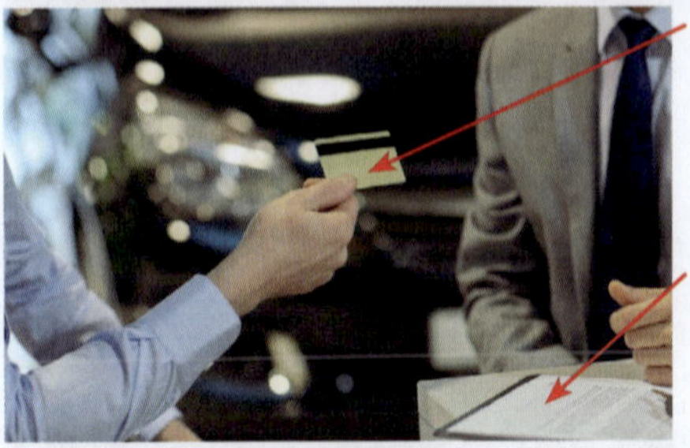

(be-)zahlen
to pay

die Rechnung
bill / invoice

3

Die Werkstattbereiche – Workshop areas

der Ausstellungsraum
showroom / exhibition room

die Ausstellungsfläche
display area / exhibition area

der Fahrzeugverkauf
vehicle sales

der Ersatzteilservice
spare parts service

der Kassenbereich
checkout area / cash area

der Wartebereich
waiting area / waiting zone

die Reparaturannahme
repair reception / repairs receipt

die Direktannahme
direct reception / direct acceptance

die Fahrzeugdiagnose
vehicle diagnostic area

Fehler suchen
to troubleshoot

die (mechanische) Werkstatt
(mechanical) workshop

die (elektrische) Prüfwerkstatt
(electrical) test workshop

das Ersatzteillager
spare parts depot

das Werkzeuglager
tool store / tool storage

die Karosseriewerkstatt
body (repair) shop

die Lackierwerkstatt
paint shop / painting workshop

die Fahrzeugaufbereitung
vehicle preparation area / car preparation zone

3

die Endkontrolle
final check / inspection

die Portalwaschanlage
gantry car wash / washing portal

die Waschhalle
wash hall / washing bay

(das Auto) waschen
to wash (the car)

der Umkleideraum
changing room / dressing room

sich umziehen
to change / to dress

der Pausenraum
break room / lunch room

eine Pause machen – *ugs.* pausieren
to take a break / to have a rest

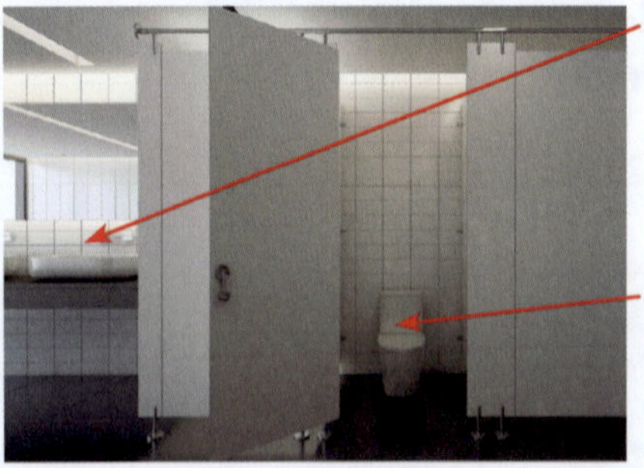

der Waschraum
washroom / lavatory

sich waschen
to wash

die Toilette – *ugs.* das WC
toilet – coll. WC

der Büroraum – *ugs.* das Büro
office room – coll. office

3.5 Werkstattausrüstung – Workshop equipment

(Technische) Hilfsmittel – (Technical) additives

der Kotflügelschoner
wing protector

der Autositz-Schonbezug – *ugs.* der Sitzschoner
seat cover

der Fußraumschoner
doormat cover

der Lenkradschoner
steering wheel cover

der Schraubstock
vice

einspannen
to clamp

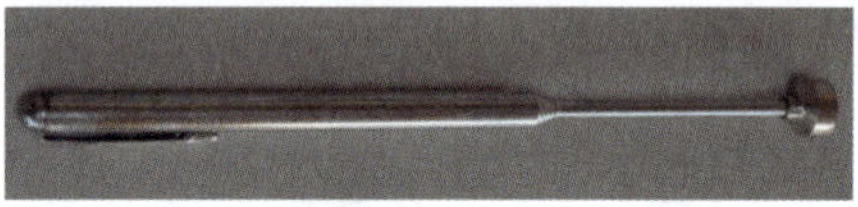

der (flexible) Magnetgreifer
(suppler) magnetic gripper

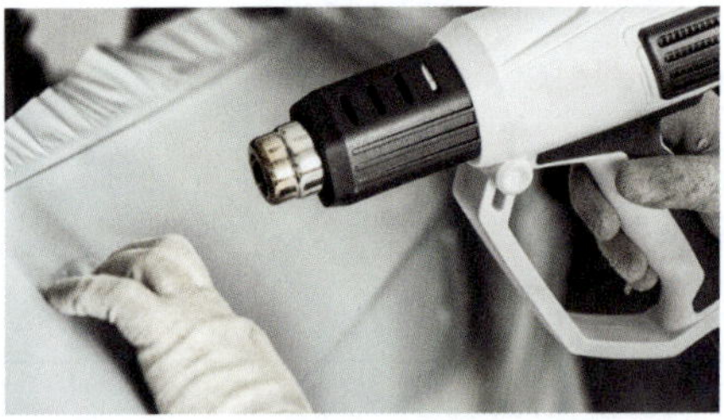

das Heißluftgebläse
hot-air fan / hot-air gun

der Akku-Nass-/Trockensauger
cordless / battery-powered / rechargeable wet / dry vacuum cleaner

die Saugdüse
suction nozzle

der Hochdruckreiniger
high-pressure cleaner

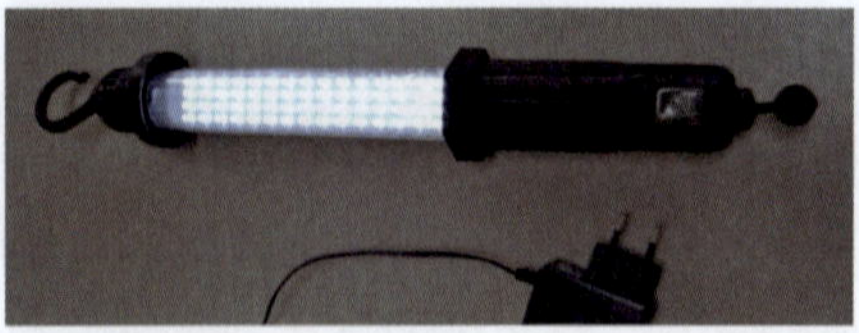

die Handlampe
hand lamp / inspection lamp

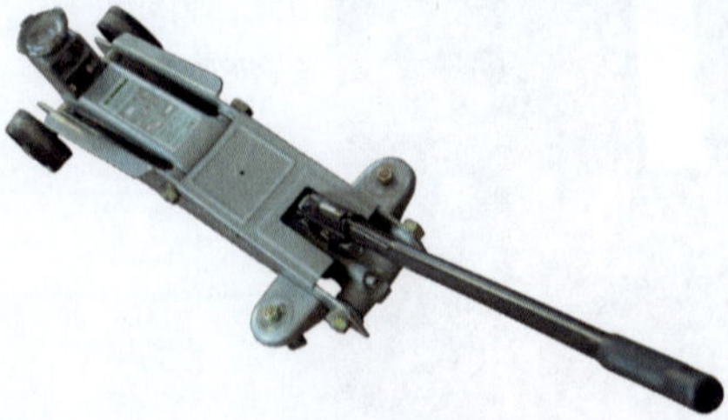

der hydraulische Rangierwagenheber
hydraulic trolley jack

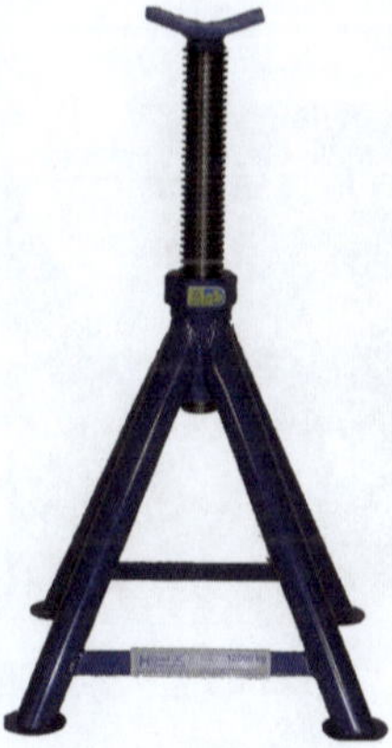

die Schraubenwinde
jack screw

der hydraulische Heber
hydraulic jack

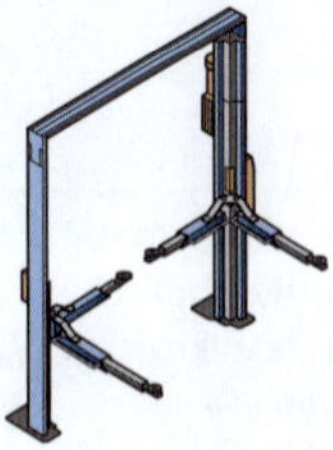

die Zweisäulen-Hebebühne
two-post car lift

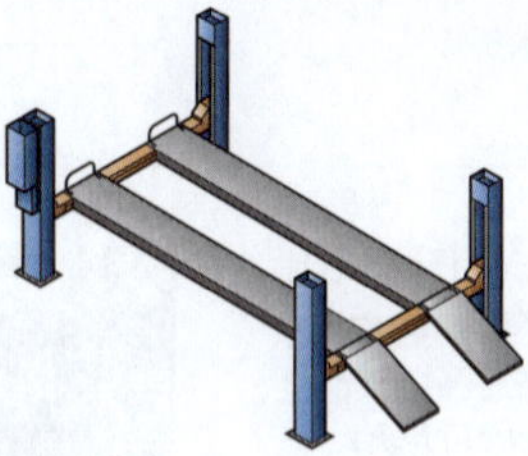

die Viersäulen-Hebebühne
four-post car lift

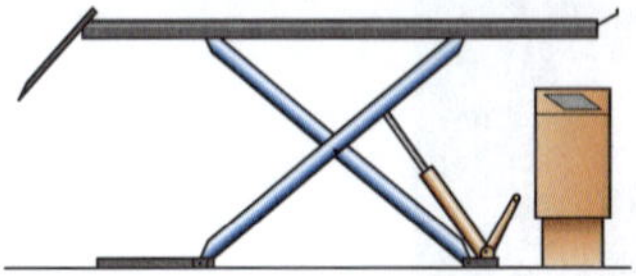

die Scheren-Hebebühne
scissor lift

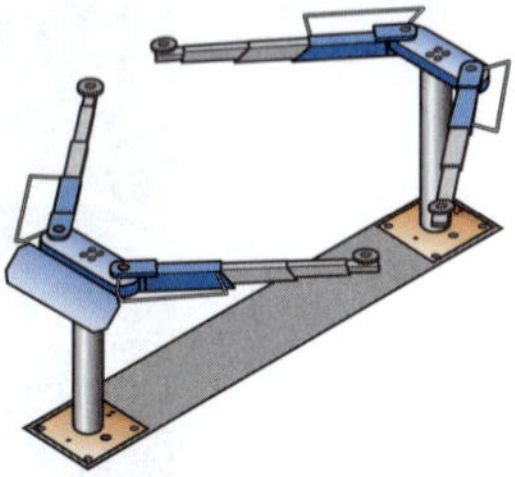

die Zweistempel-Hebebühne
two-ram lift

der Tragarm
support arm

die gummibeschichtete Auflage
rubber coated pad

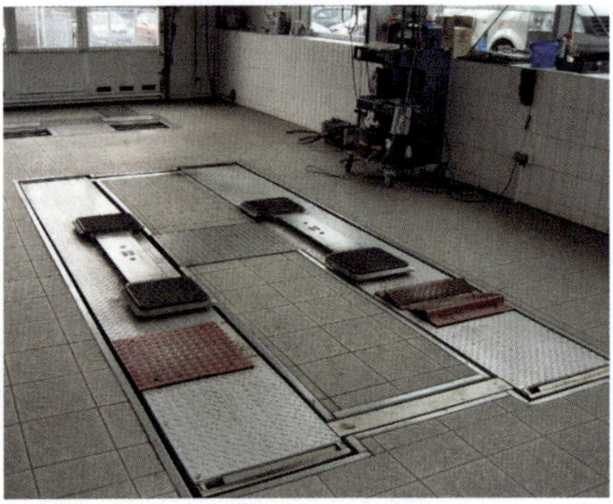

die Unterflur-Hebebühne
in-ground lift

der Flaschenzug
block and tackle

anheben
to lift

der (Elektro-) Kettenzug
(electric) chain hoist

der (hydraulische) Werkstattkran
(hydraulic) workshop crane / (hydraulic) engine lifting device

die Rundstahlkette
round-steel chain

das Hebeband
flat (lifting) sling

die Rundschlinge
roundsling

das Stahldrahtseil
steel wire rope

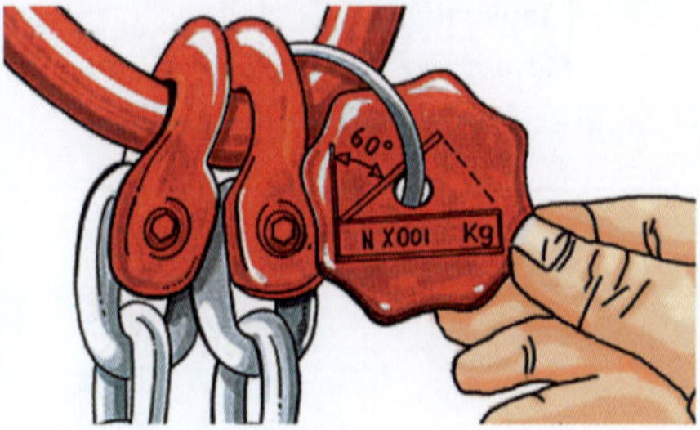

das Kennzeichnungsschild
für Anschlagketten
chain sling tag

das Faserseil
fibre rope

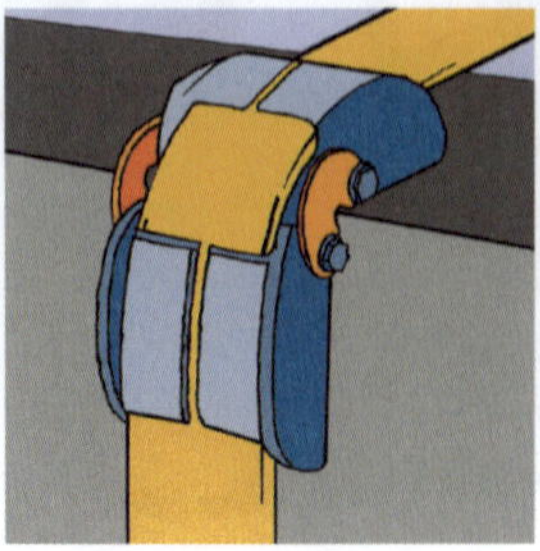

der Kantenschutz
bei Hebebändern
edge protection for slings

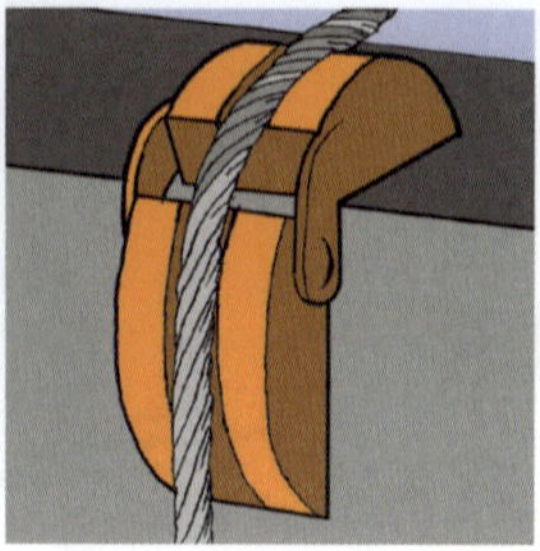

der Kantenschutz
bei Drahtseilen
edge protection for wire ropes

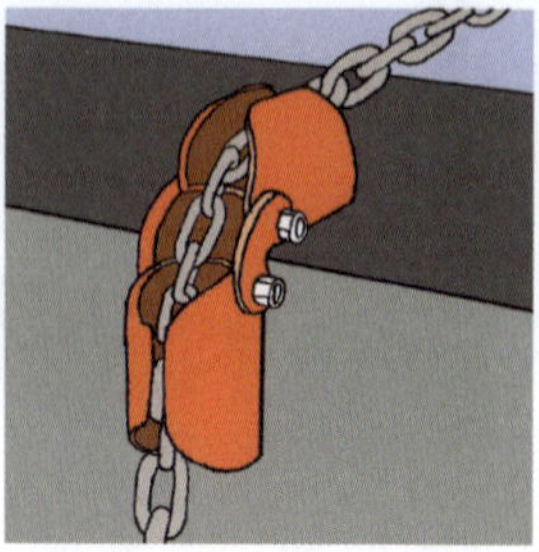

der Kantenschutz bei Ketten
edge protection for chains

das Verständigungszeichen für Kranbetrieb

crane hand signal

Heben	Abfahren	Senken	Langsam	Halt
Hoist	*Travel*	*Lower*	*Move slowly*	*Stop*

der Handgabel-Hubwagen – *ugs.* der Hubwagen

pallet jack

der Gabelstapler – *ugs.* der Stapler

forklift

Handwerkzeuge – Hand tools

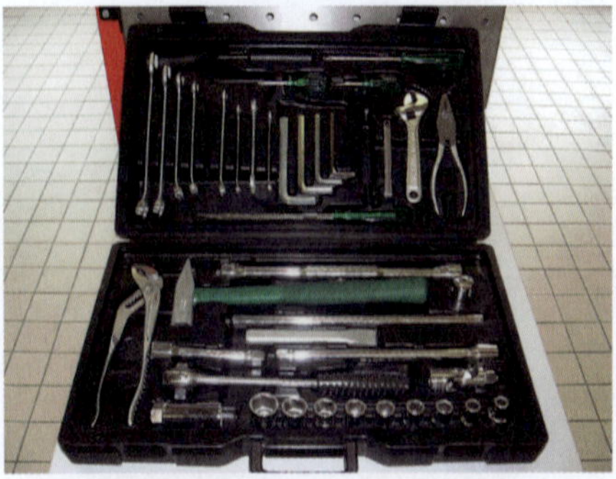

der Werkzeugkasten –
ugs. der Werkzeugkoffer
toolbox – coll. tool case

der Werkzeugwagen
tool trolley

die (fahrbare) Werkbank
(mobile) workbench

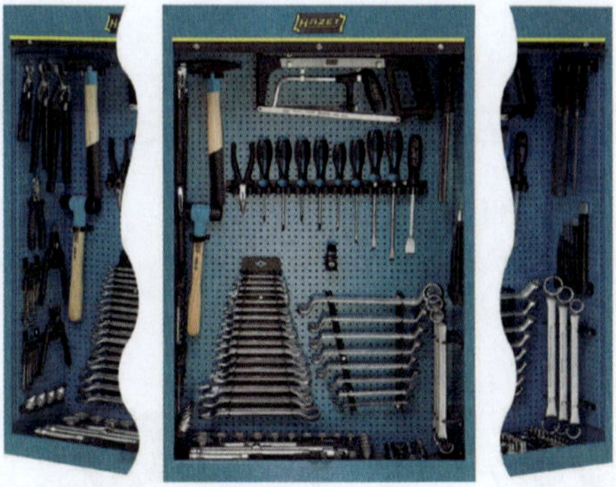

der Werkzeugschrank –
ugs. die Werkzeug-Lochwand
tool cabinet – coll. tool board

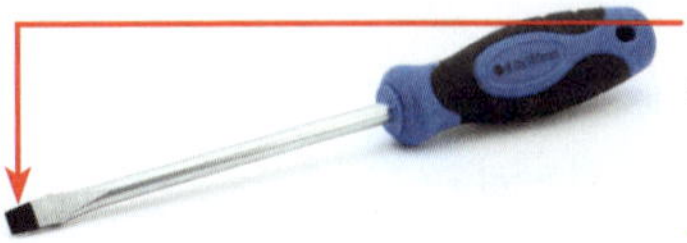

der Schlitz-Schraubendreher – *ugs.* der Schraubenzieher
slot screwdriver

abschrauben / anschrauben
to unscrew / to screw

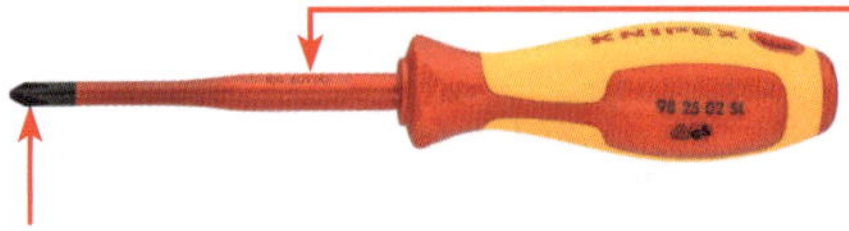

die Isolierung
the insulation

der Kreuzschlitz-Schraubendreher
Phillips-tip screwdriver

befestigen
to fix

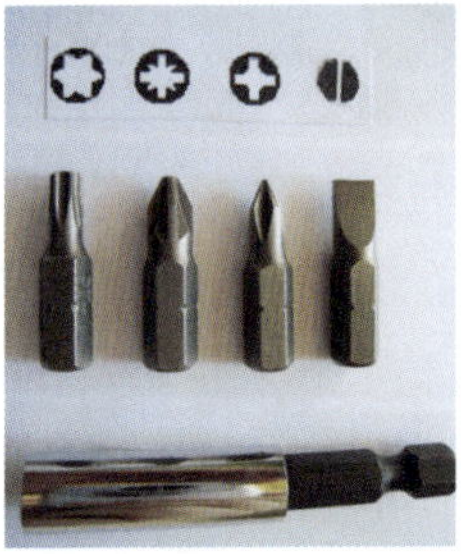

der Schraubendrehereinsatz – *ugs.* der Bit
screwdriver bit

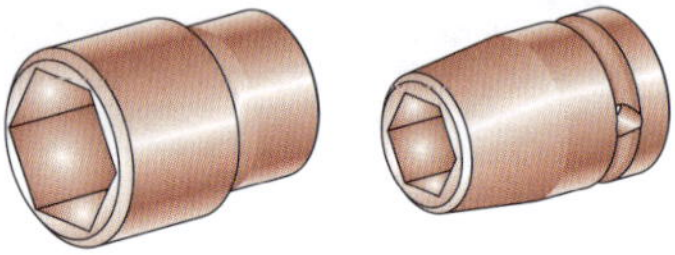

der Steckschlüssel
socket wrench / socket spanner

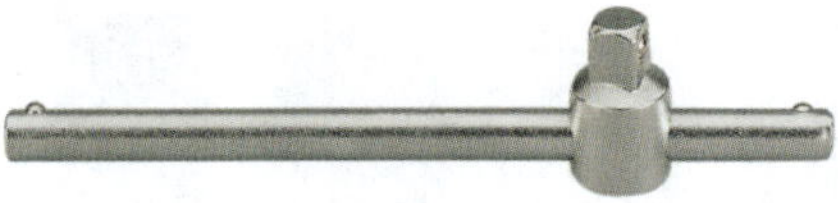

der Quergriff mit Gleitstück
sliding T-handle

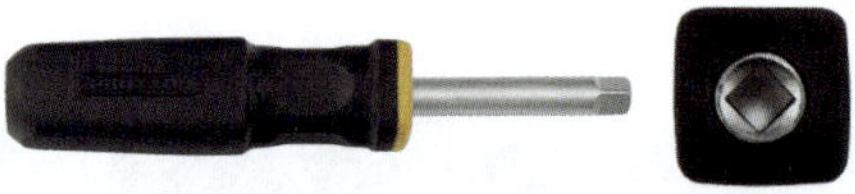

der Steckgriff mit Vierkant
spinner handle

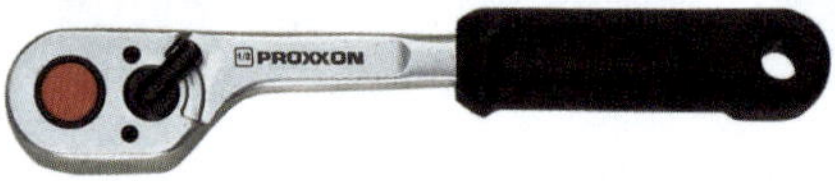

die Ratsche – *ugs.* die Knarre
ratchet

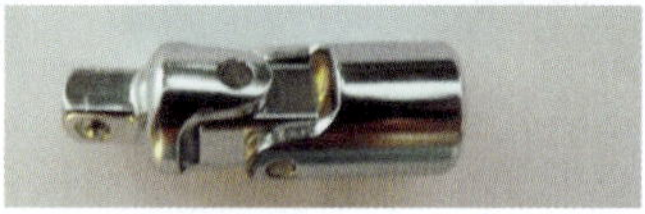

das Kardangelenk
universal joint

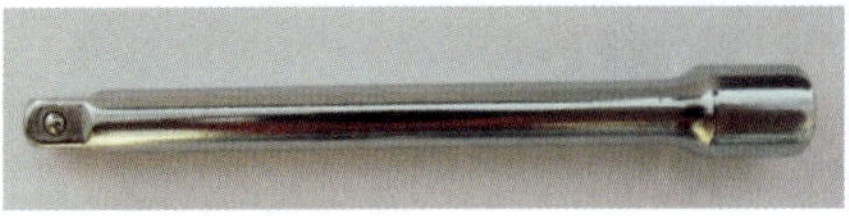

die Verlängerung
extension

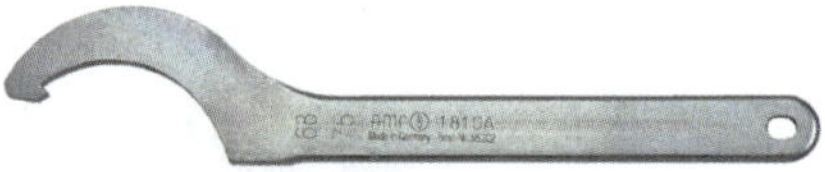

der Hakenschlüssel
pin spanner

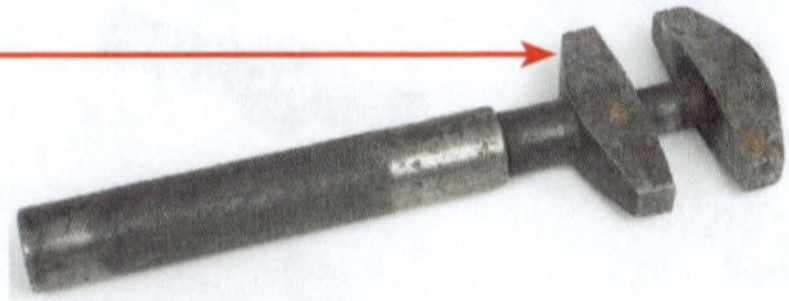

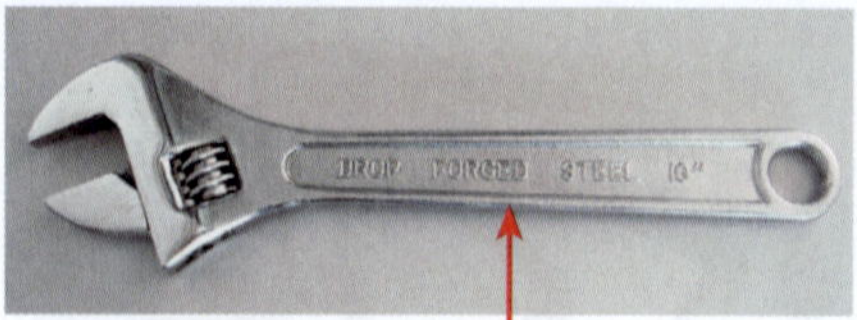

der verstellbare Schraubenschlüssel / der Rollgabelschlüssel –
ugs. der Franzose – *ugs.* der Engländer
adjustable wrench / adjustable spanner

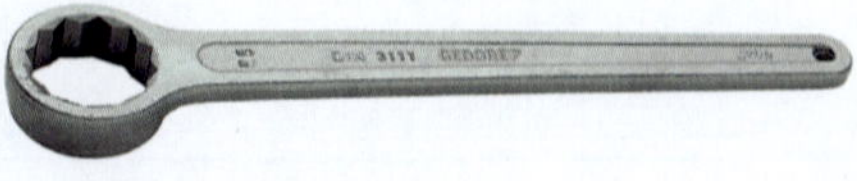

der Ringschlüssel
box wrench / ring wrench

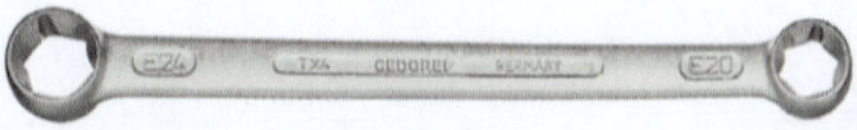

der Doppel-Ringschlüssel
double-ended box wrench / double-ended ring wrench

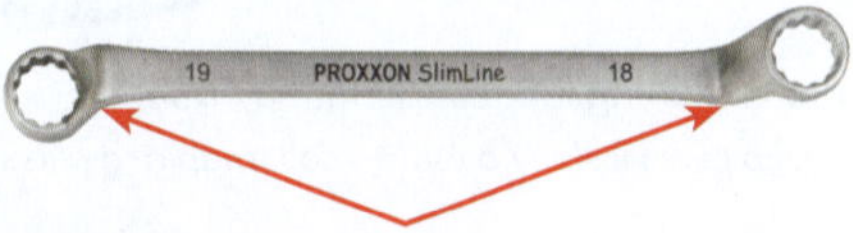

der gekröpfte Ringschlüssel
offset box wrench / offset ring wrench

der Gabelschlüssel –
ugs. der (Ein-)Maulschlüssel
open-end wrench / jaw spanner

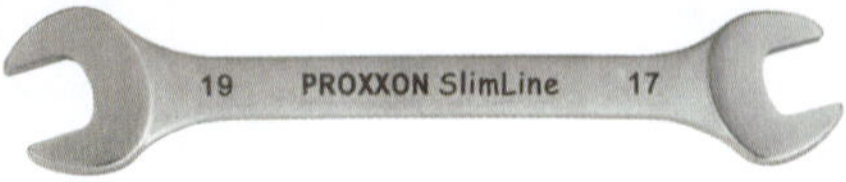

der Doppel-Gabelschlüssel –
ugs. der Doppel-Maulschlüssel
double-ended spanner

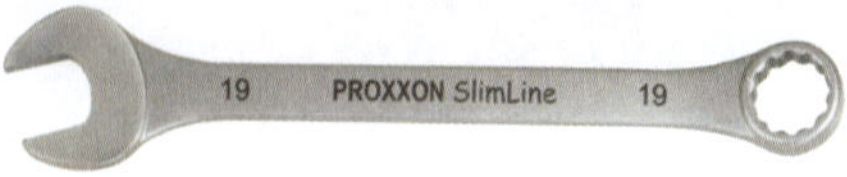

der Ring-Gabelschlüssel –
ugs. der Ring-Maulschlüssel
combination wrench / combination spanner

der Innensechskantschlüssel / der Winkelschlüssel – *ugs.* der Inbusschlüssel
pin wrench / allen wrench – coll. allen key

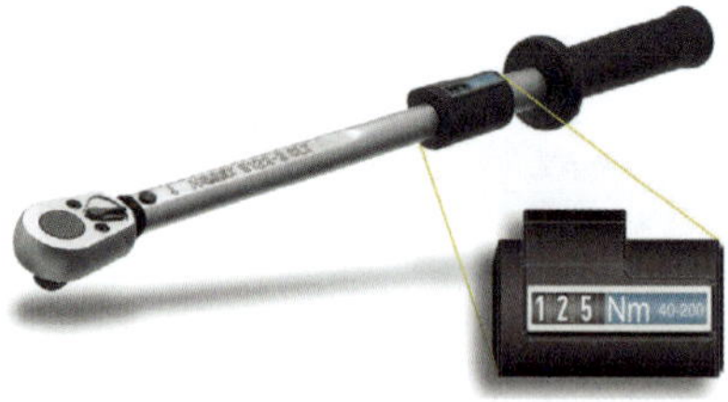

der Drehmomentschlüssel
torque wrench

festziehen
to tighten

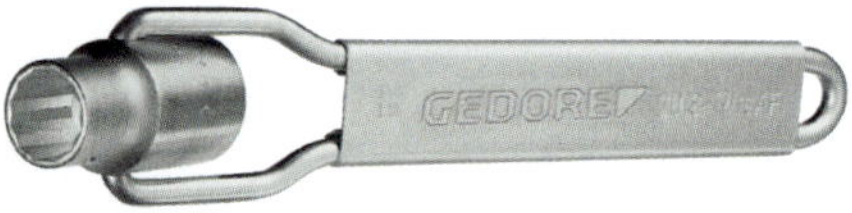

der Zündkerzenschlüssel
sparking plug socket / universal joint spark plug wrench

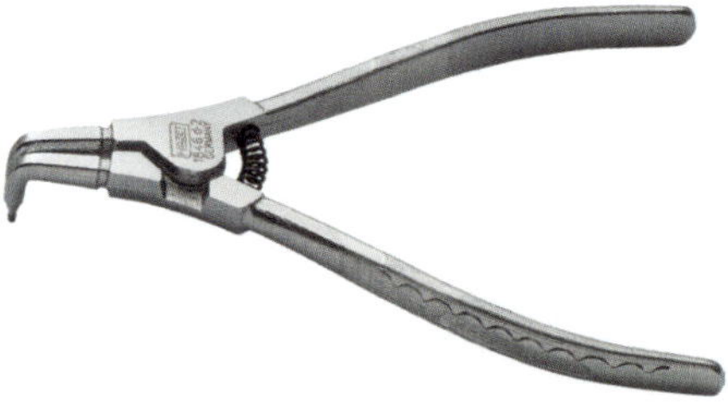

die Sicherungsringzange innen / außen
circlip pliers inside / outside – coll. snap ring pliers

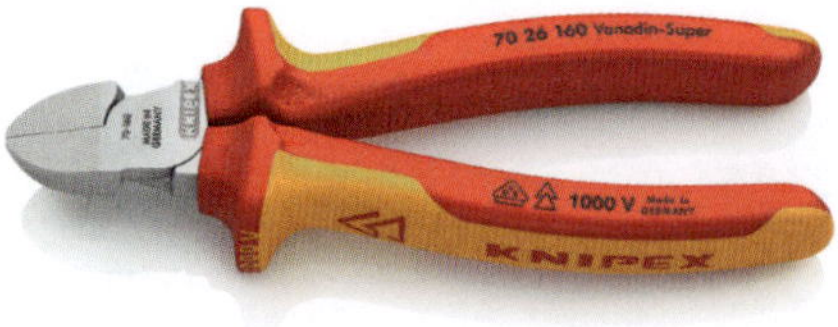

der Seitenschneider
diagonal cutting pliers / side cutting pliers

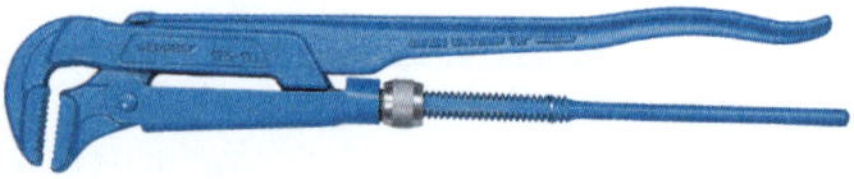

die Rohrzange
pipe wrench / pipe tongs

befestigen – lösen
to fix - to unloose

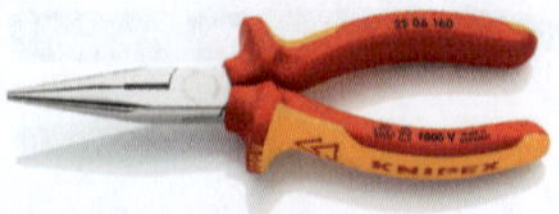

die Spitzzange
needle-nosed pliers / long nose pliers

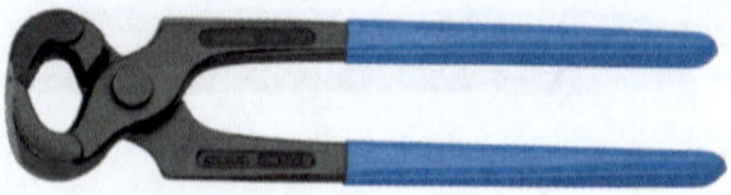

die Kneifzange
pincers / nippers

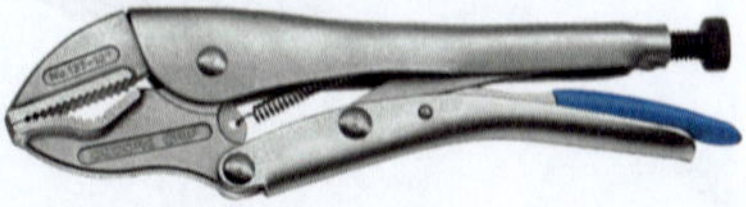

die Gripzange
locking pliers / gripping pliers

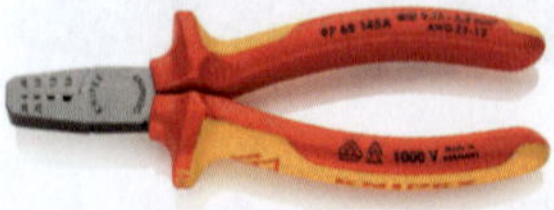

die Crimpzange
(pair of) crimping pliers

crimpen
to crimp

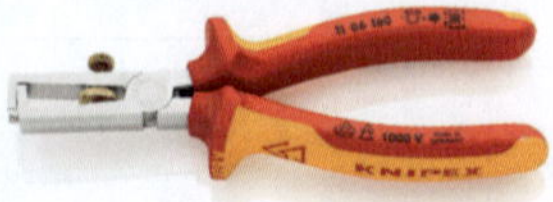

die Abisolierzange
wire stripper

abisolieren
to strip

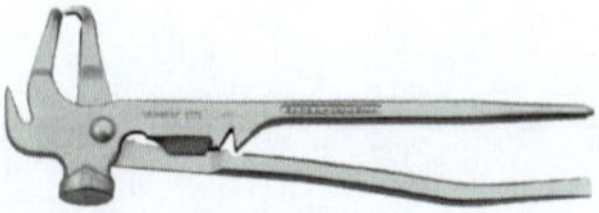

die Auswucht(gewicht)zange
wheel balance weight pliers

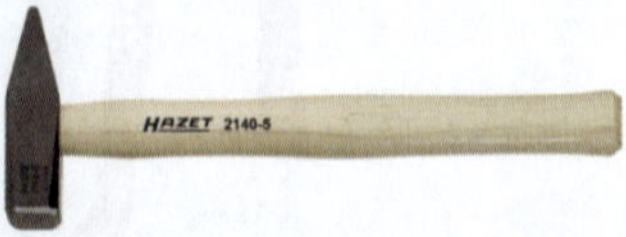

der (Schlosser-)Hammer
crosspein hammer

hämmern
to hammer

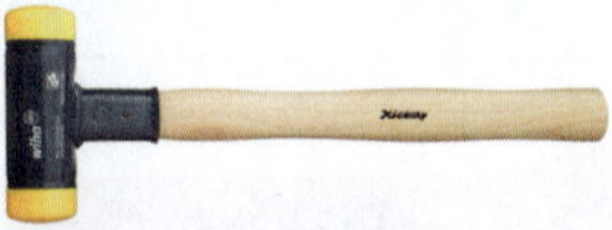

der Kunststoffhammer
plastic (faced) hammer

der Kupferhammer
copper (faced) hammer

der Körner
centre punch

(an)körnen
to centre-punch

der Durchtreiber – *ugs.* der Dorn
drift (pin)

die Drahtbürste
wire brush

(ab-)bürsten
to brush

der Meißel
chisel

meißeln
to chisel

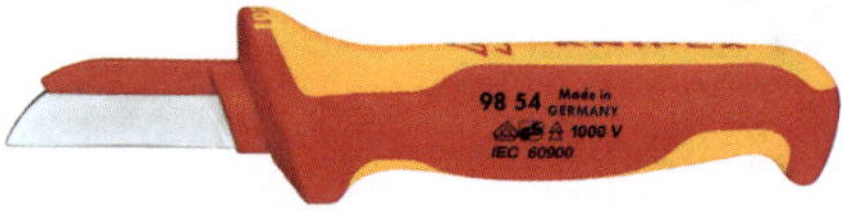

das Kabelmesser
(cable) stripping knife

(ab-)schneiden
to cut (off)

der Splinttreiber
pin punch

der (Dichtungs-)Schaber
(gasket) scraper

(ab-)schaben
to scrape

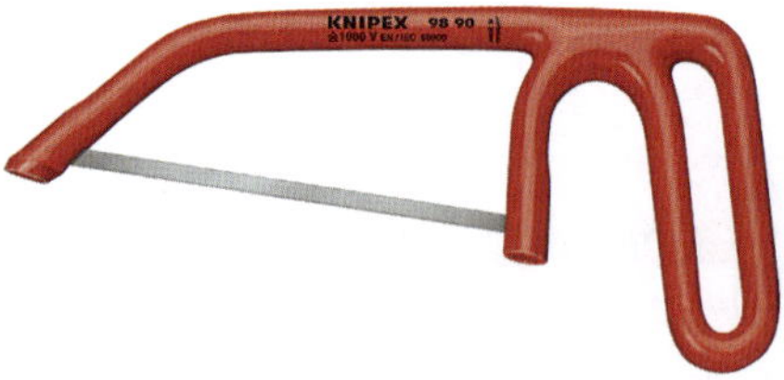

die Taschensäge – *ugs.* die Puksäge
junior hacksaw / pocket saw

die (ideale) Handblechschere
(ideal) snips

die Handhebel-
schere
benchtop shears

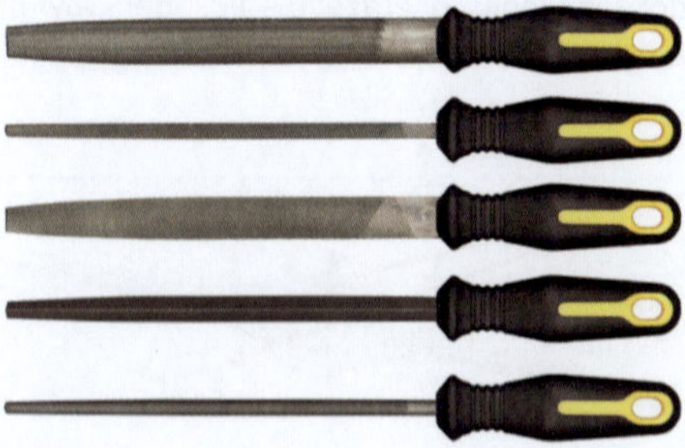

die (Halbrund-/Rund-/Vierkant-/Dreikant-/Flach-)Feile
(half round/round/square/triangular/flat) file

feilen
to file

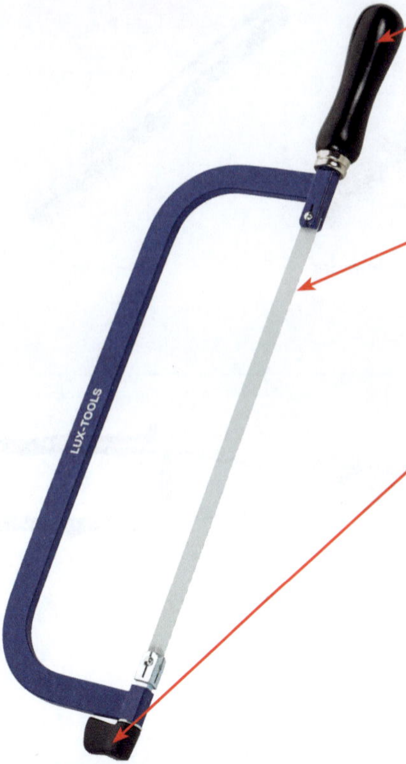

die (Handbügel-)Säge
(hand hack) saw

das Sägeblatt
saw blade

die Spannmutter
tensioning nut

(ab-)sägen
to saw (off)

3

das Gewindeschneidzeug – *ugs.* der Gewindeschneider
tap and die set

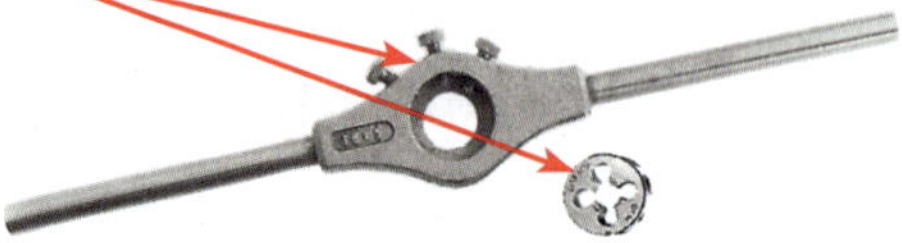

Gewinde schneiden
to cut thread

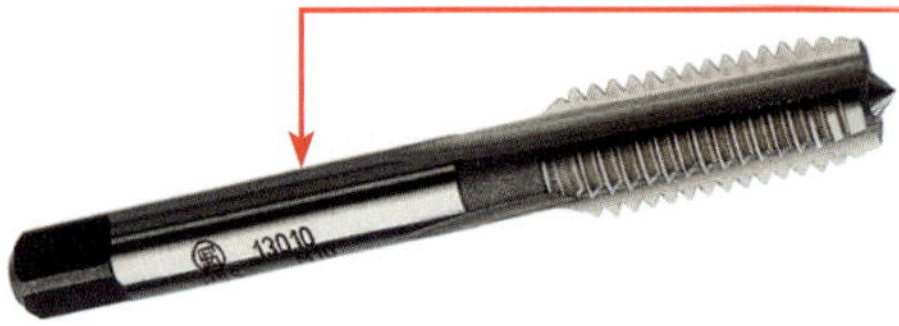

der Gewindebohrer
tap

Gewinde bohren
to tap thread

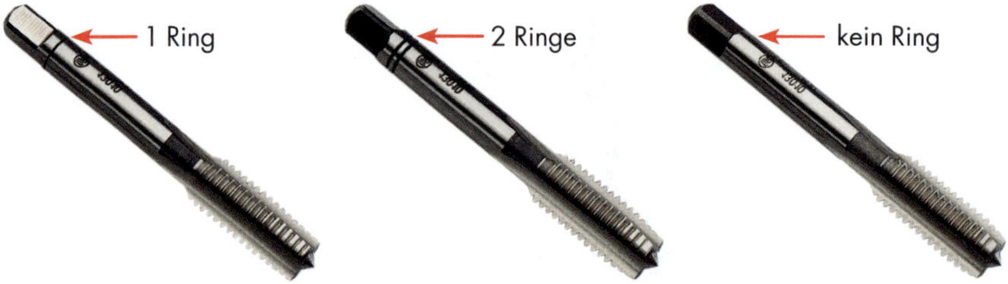

der Vorschneider / der Mittelschneider / der Fertigschneider
taper tap / second tap / bottoming tap

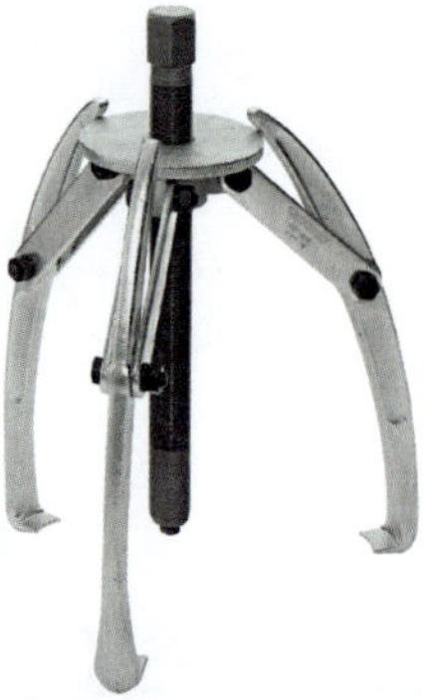

der Abzieher
puller

abziehen
to pull

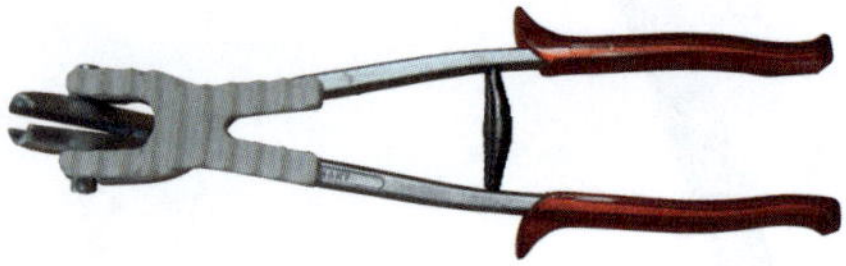

das Ventileinziehwerkzeug – *ugs.* die Ventilzange
valve gripper

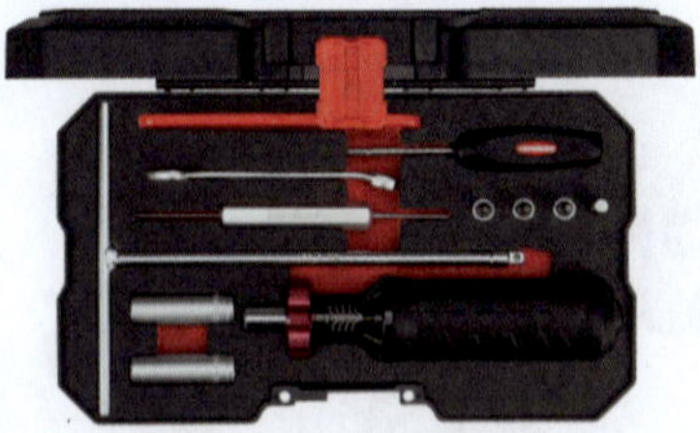

der Ventil-Montagesatz
valve installation kit

der Ventileinsatz-Dreher – *ugs.* der Ventilausdreher
valve remover

(Elektrische) Maschinen und Geräte – (Electrical) Machines and devices

die elektrische Bohrmaschine
electric drill

der Winkelschleifer – *ugs.* die Flex
angle grinder

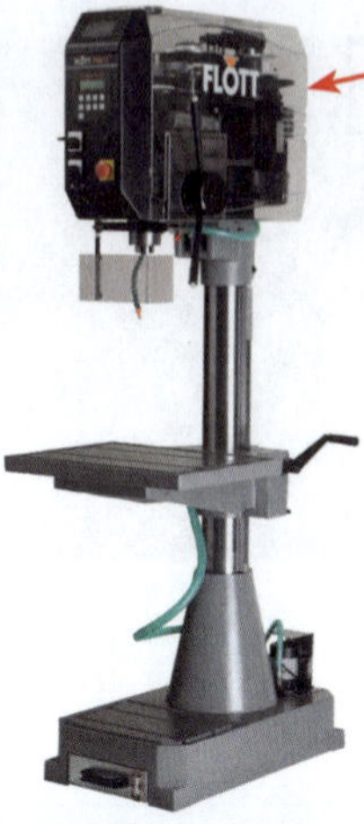

die Säulenbohrmaschine
drill press

der Bohrer
drill (bit)

bohren
to drill

die Schleifscheibe
grinding wheel

schleifen
to sand / to grind

der Exzenterschleifer
random orbital sander / rotary sander

die Bankschleifmaschine – *ugs.* der Schleifbock
bench grinder

maschinell schleifen
to power grind

trennschleifen – *ugs.* flexen
to abrasive grind

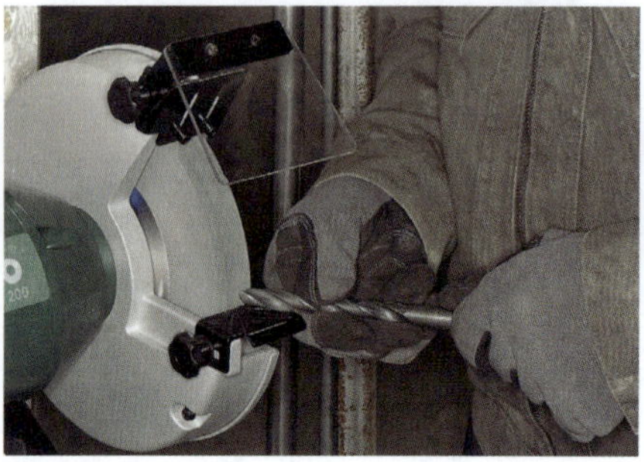

freihandschleifen
to freehand grind

die Stichsäge
keyhole saw

der (Akku-) Bohrschrauber – *ugs.* der Akkuschrauber
(cordless) drill

der (Akku-)Schlagschrauber
(cordless) impact wrench / (cordless) impact screwdriver

der Steckschlüssel-Schoneinsatz für Schlagschrauber
gentle on rims socket wrench for Impact wrench / rim protecting socket spanner for impact screwdriver

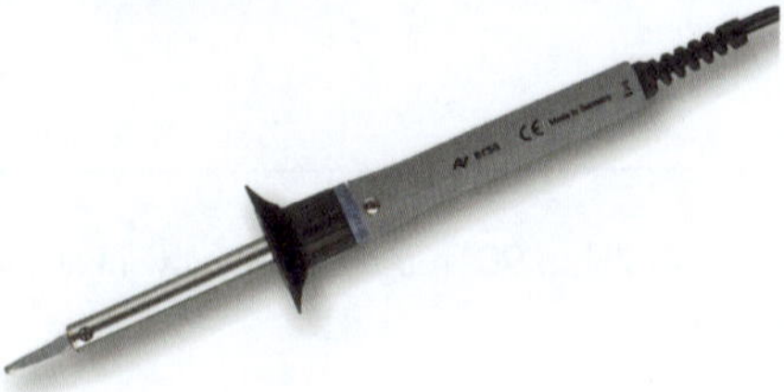

der Elektrolötkolben
electric soldering iron

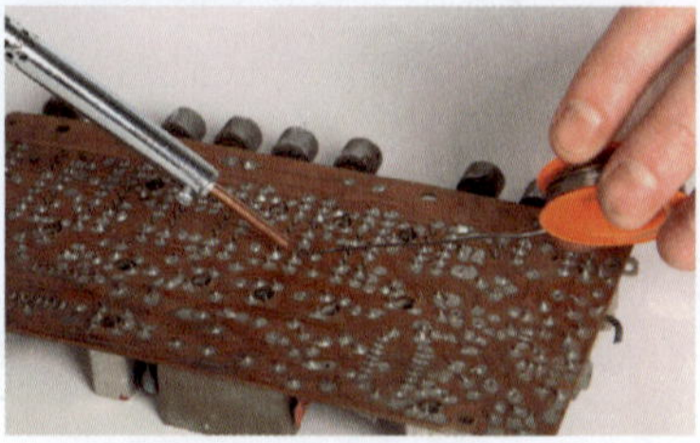

(weich-)löten
to (soft) solder

das Weichlot
soft solder

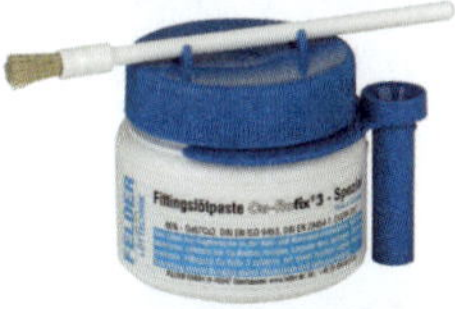

die Lötpaste
solder paste

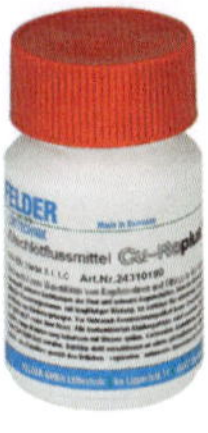

das Flussmittel
flux

das Reifen(de-)
montiergerät
tyre changer

montieren / demontieren
to mount / to dismount

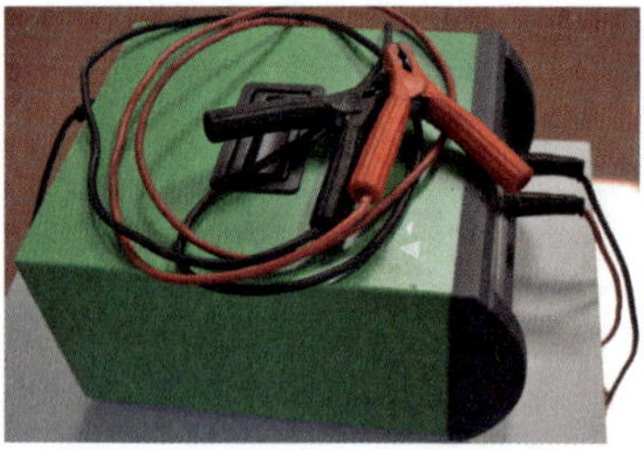

das Batterieladegerät
battery charger

Prüftechnik – Testing equipment

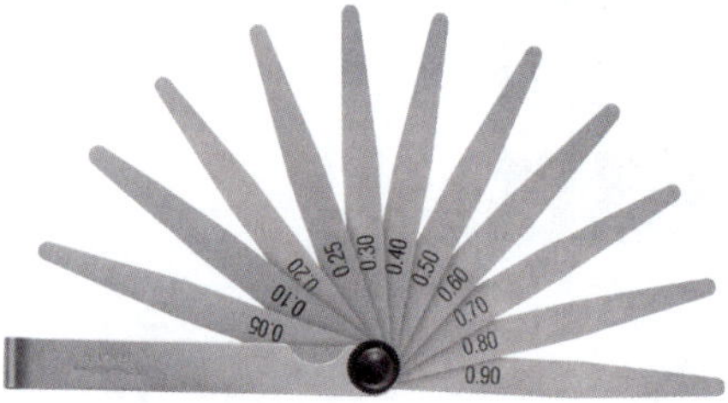

die Spaltlehre – *ugs.* die Fühlerlehre
feeler gauge

lehren
to gauge

die Winkellehre 90° – *ugs.* der Flachwinkel
try square

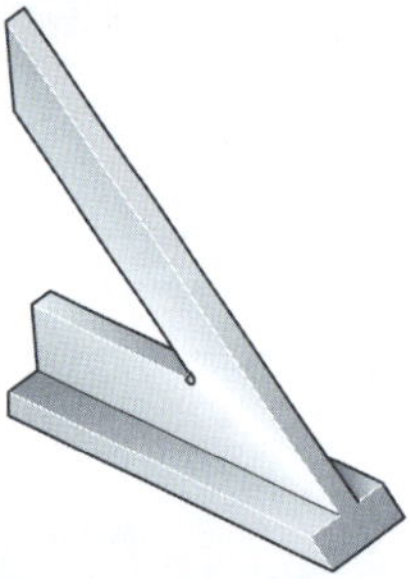

der Anschlag-
winkel 45°
mitre square

das Haarlineal
straightedge

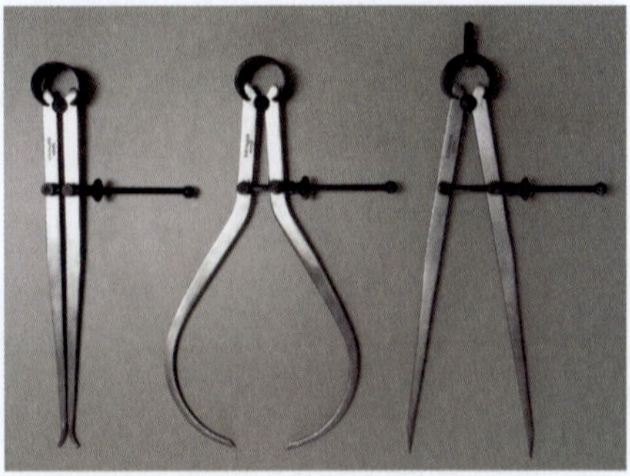

das Taster-Set
set of callipers

der Stahlmaßstab – *ugs.* das Stahllineal
steel rule

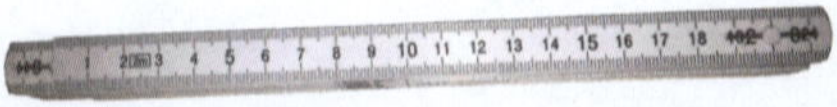

der Gliedermaßstab – *ugs.* der Zollstock
folding rule

das Rollbandmaß
tape measure

der (Universal-)
Messschieber –
ugs. die Schieb(e)lehre
(universal) vernier caliper

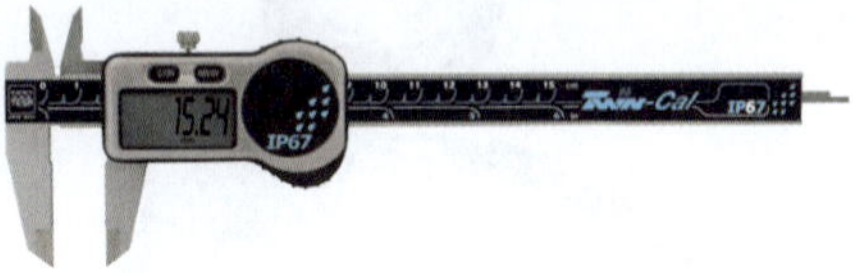

der (Universal-)Messschieber
mit Digitalanzeige – *ugs.* die Schieb(e)lehre
(universal) digital caliper

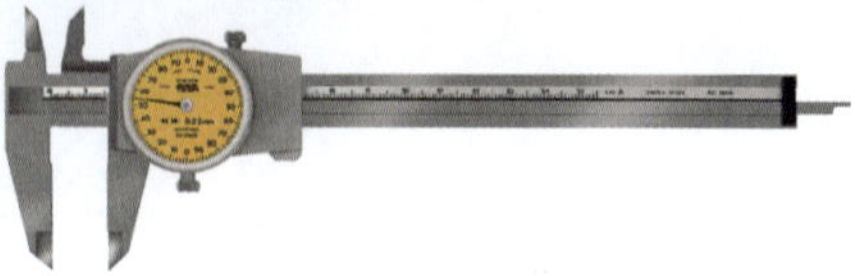

der (Universal-)Messschieber mit Rundskala
und Zeiger – *ugs.* die Schieb(e)lehre
(universal) dial caliper

3

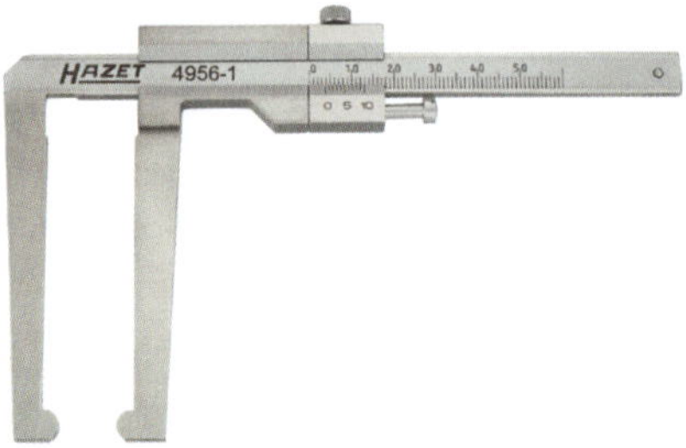

der Bremsscheiben-Messschieber – *ugs.* die Schieb(e)lehre

brake disc caliper / disc brake gauge

das Manometer (ablesen)

(to read the) pressure gauge

die Messuhr

dial gauge

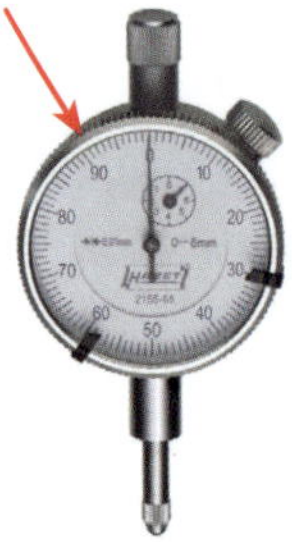

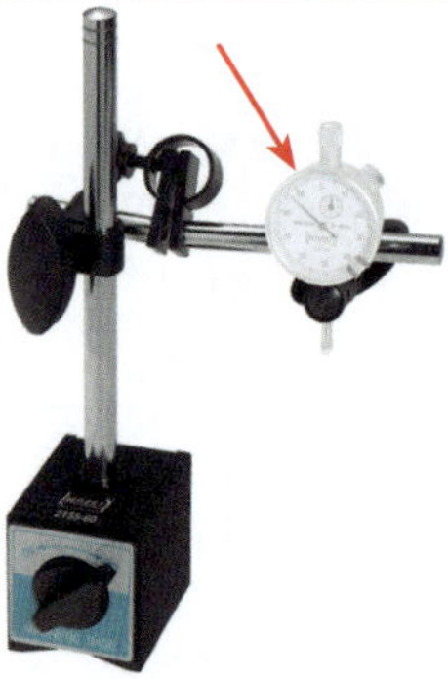

messen

to measure

das Reifenfülldruck-Messgerät – *ugs.* der Reifendruckprüfer

air pressure gauge

(den Reifenfülldruck) prüfen

to check (tyre pressure)

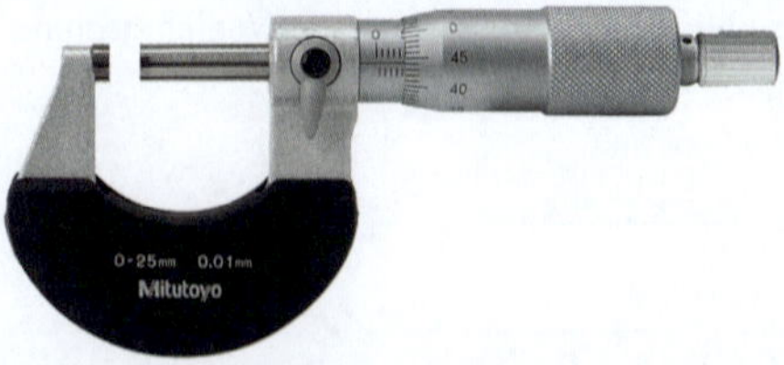

die analoge (Bügel-)Messschraube für Außenmessung – *ugs.* die Mikrometerschraube
analogue outside micrometer

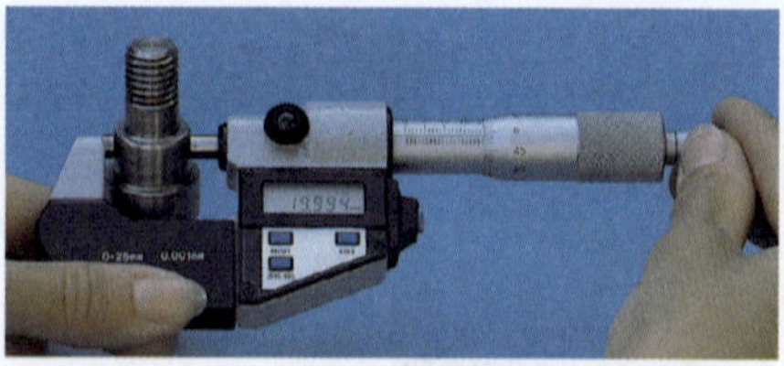

die digitale (Bügel-)Messschraube für Außenmessung – *ugs.* die Mikrometerschraube
digital outside micrometer

das Temperaturmessgerät – *ugs.* das Thermometer
thermometer

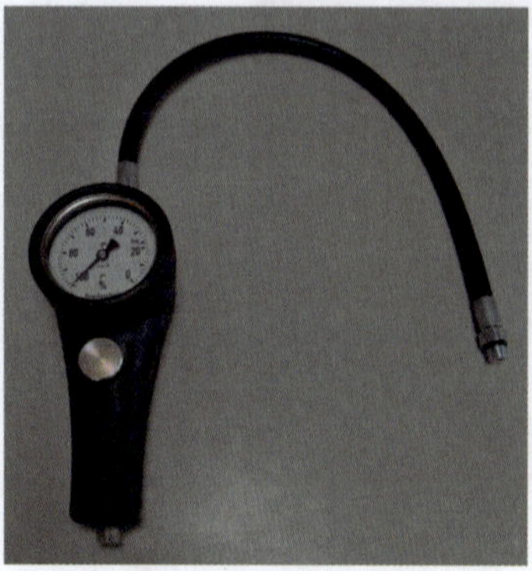

das Druckverlustprüfgerät – *ugs.* der Druckverlustprüfer
pressure loss tester

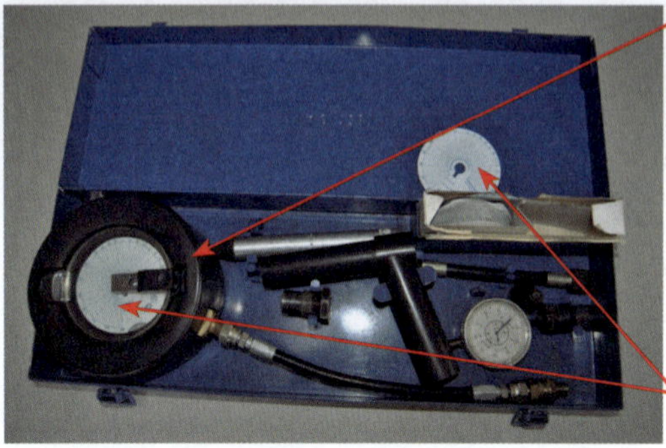

das Kompressions(druck)prüfgerät – *ugs.* der Kompressionsdruckschreiber
compression gauge / compression test instrument – coll. compression recorder

das Kompressionsdruckdiagramm
compression chart

3

die Rad(aus-)wuchtmaschine – *ugs.* die Wuchtmaschine
wheel balancer

(aus-)wuchten
to balance

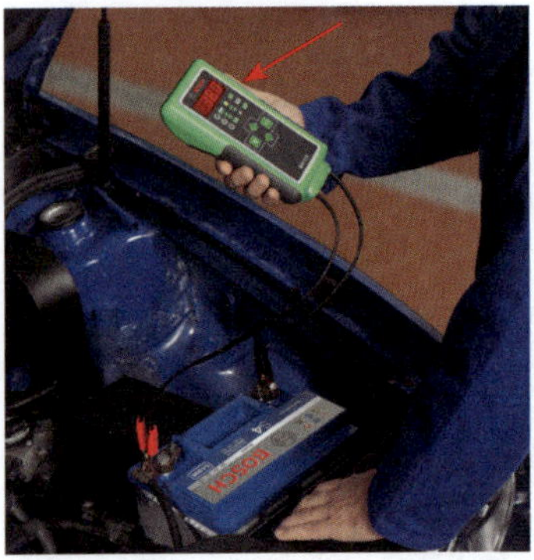

das Batterieprüfgerät – *ugs.* der Batterieprüfer
battery tester

das Scheinwerfereinstell-Prüfgerät –
ugs. das Scheinwerfer-Einstellgerät
headlight testing device / headlight aiming device

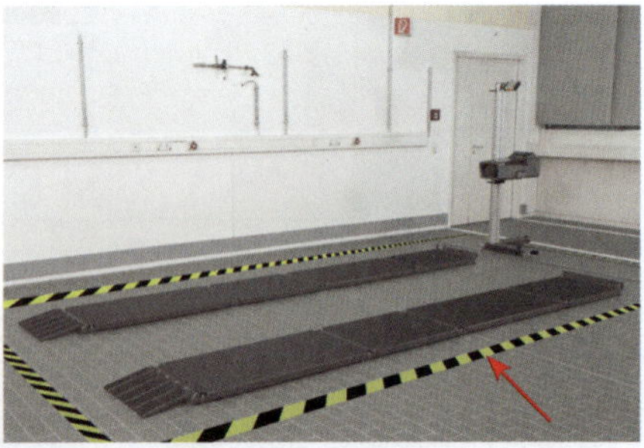

die Fahrzeugprüffläche
vehicle testing area

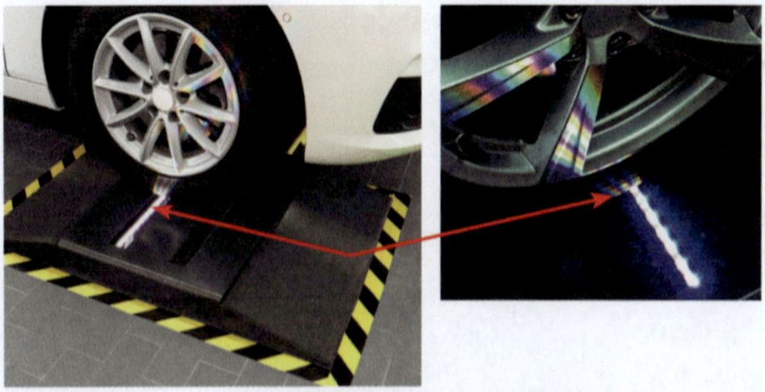

die automatische Reifenprofilmessung
tyre tread depth measurement / easy-tread-system

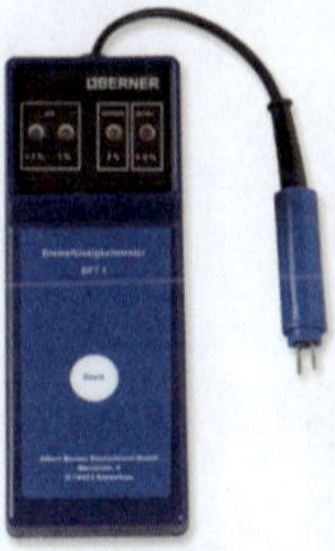

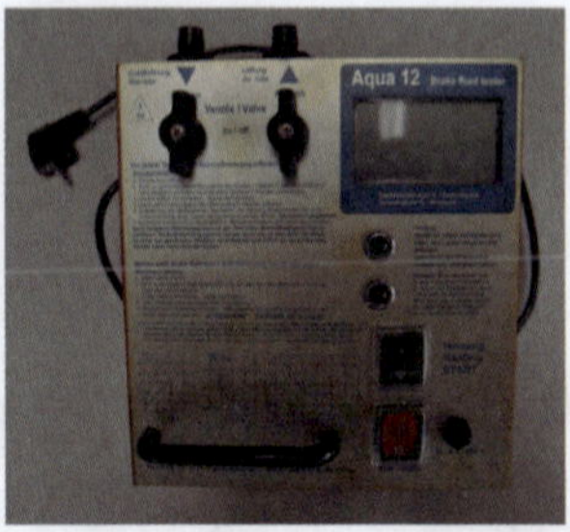

der Bremsflüssigkeitsprüfer
brake fluid tester

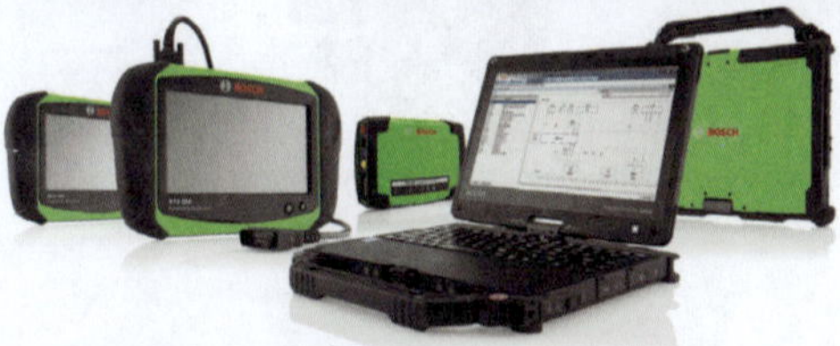

der mobile Diagnosetester
mobile diagnostic tester

der Diagnosetester – *ugs.* der Motortester
diagnostic tester– coll. motor tester

(den Fehlerspeicher) auslesen / löschen
to read out / to clear (fault storage)

das Emissionsanalysegerät – *ugs.* der Abgastester
emission analyzer – coll. exhaust gas tester

(das Abgas) prüfen
to check (exhaust gas)

die Fahrwerksvermessung – *ugs.* die Achsvermessung
wheel alignment – axle alignment

das Fahrwerksvermessungsgerät
wheel alignment unit

das Klimaservicegerät
A/C service unit

(die Klimaanlage) warten
to service (the air conditioning)

der Rollenbremsprüfstand – *ugs.* der Bremsenprüfstand
brake tester / brake test stand

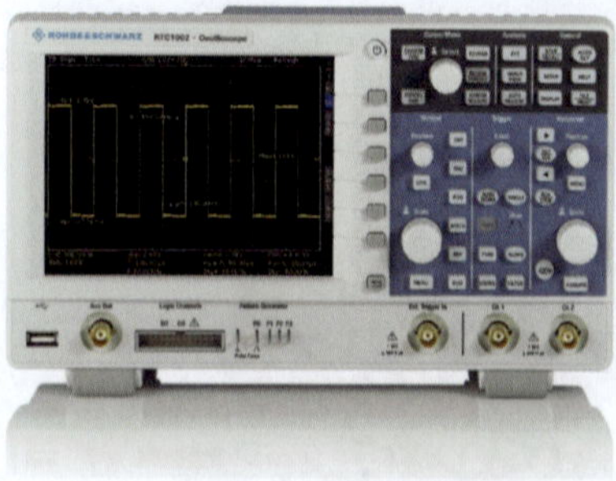

das Oszilloskop – *ugs.* das Oszi
oscilloscope

die Prüflampe
test lamp

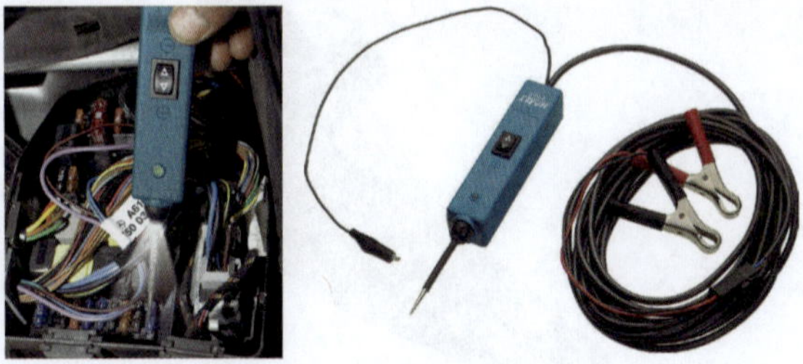

die LED-Prüflampe
LED test lamp

der einpolige Spannungsprüfer – *ugs.* der Phasenprüfer
one-contact mains tester

die Prüfspitze
test probe

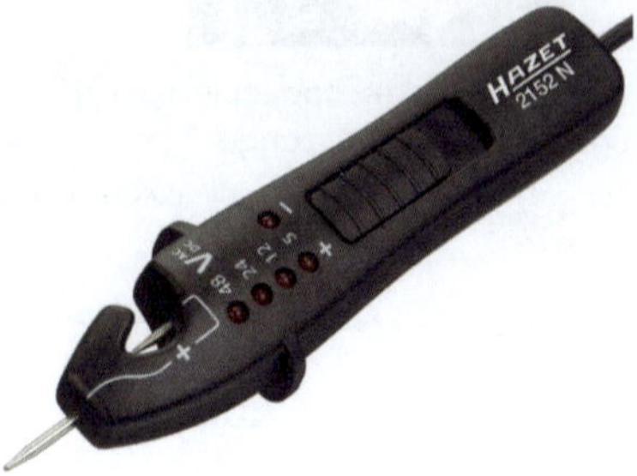

der zweipolige Spannungsprüfer
two-contact mains tester

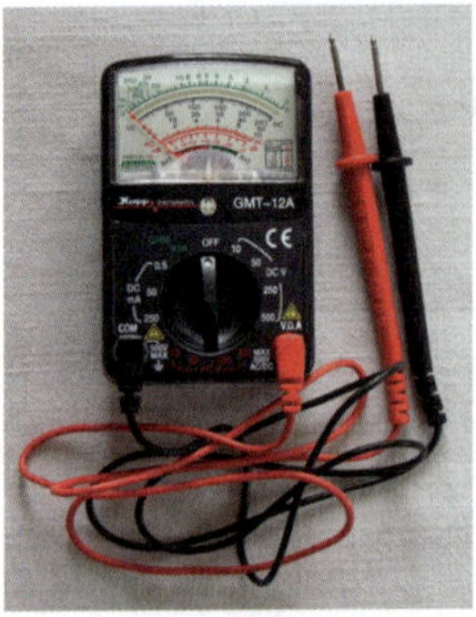

das analoge Vielfachmessgerät –
das Analog-Multimeter
analogue multimeter

das digitale Vielfachmessgerät –
das Digital-Multimeter
digital multimeter

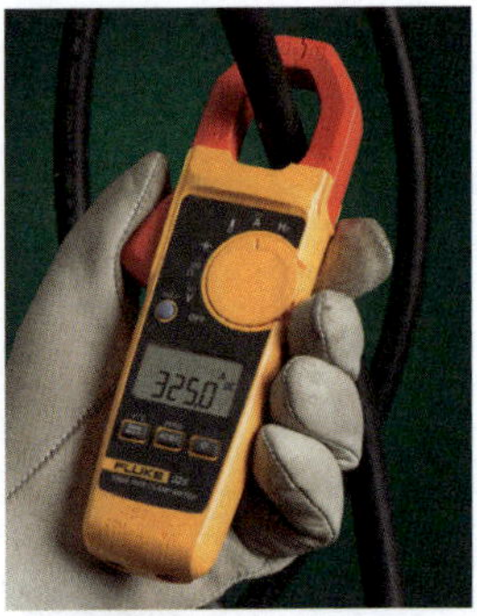

das Stromstärke-Zangenmessgerät –
ugs. die Strommesszange
current measuring pliers – coll. current clamp

die Abgreifklemme
alligator clip / crocodile clip

4 Fahrzeugdokumente und Fahrzeugdaten – Vehicle documents and vehicle data

4.1 Gesetzliche Vorschriften und Untersuchungen – Legal instructions and investigations

das Straßenverkehrsrecht
road traffic law

die Straßenverkehrsordnung – *Abk.* StVO
road traffic regulations / road traffic act

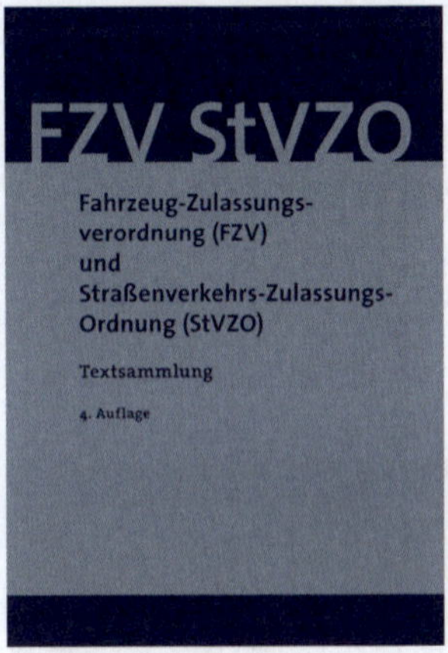

die Straßenverkehrszulassungsordnung – *Abk.* StVZO
(german) road traffic registration ordinance / road traffic licensing regulation

die Fahrzeug-Zulassungsverordnung – *Abk.* FZV
licence of vehicle regulation

die amtlich anerkannte Prüforganisation – *ugs.* der TÜV
association for technical inspection / MOT

die Hauptuntersuchung – *Abk.* HU
general inspection / MOT test

die Abgasuntersuchung – *Abk.* AU
exhaust emission test / exhaust analysis

die Prüfplakette
inspection plate

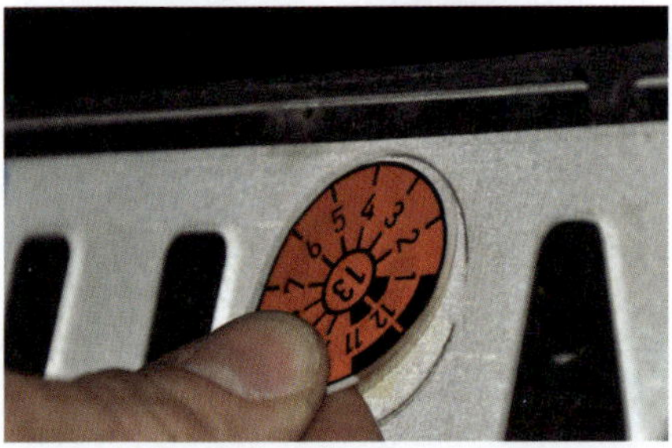

(die Plakette) anbringen – *ugs.* kleben
to add (the sticker) – coll. to stick

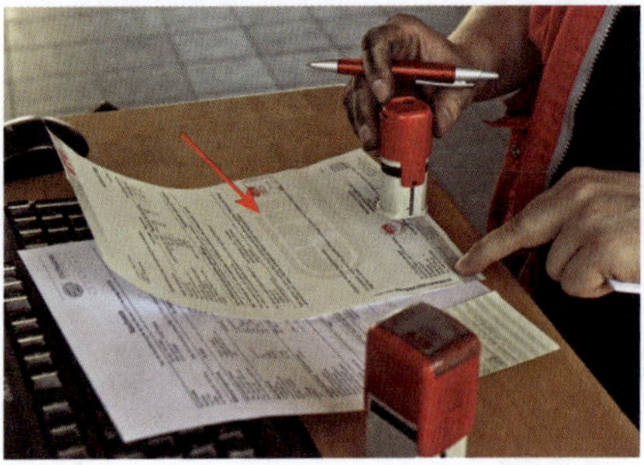

die Prüfbescheinigung – *ugs.* der Prüfbericht
test certificate / MOT certification

die Sicherheitsprüfung – *Abk.* SP
safety inspection / safety test

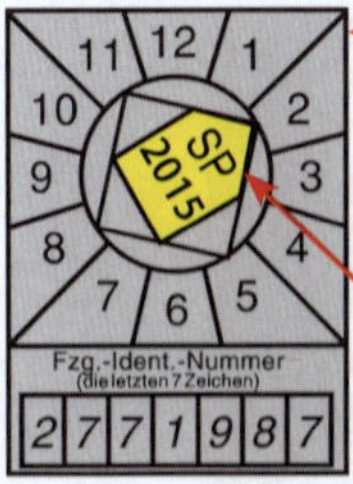

das SP-Schild
safety inspection plate

die SP-Prüfmarke
safety inspection flag

die Feinstaubplakette
pollution badge

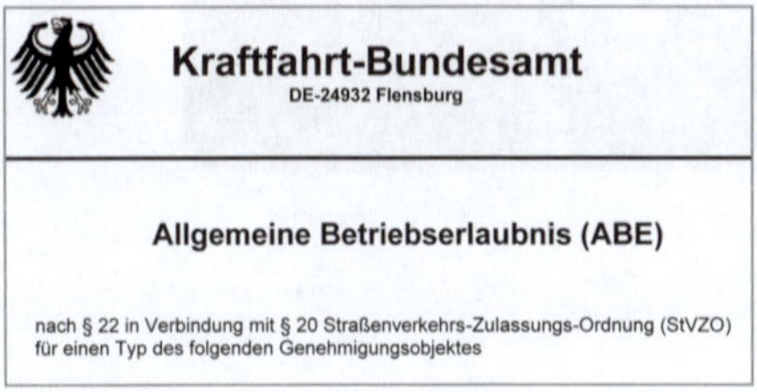

Kraftfahrt-Bundesamt
DE-24932 Flensburg

Allgemeine Betriebserlaubnis (ABE)

nach § 22 in Verbindung mit § 20 Straßenverkehrs-Zulassungs-Ordnung (StVZO) für einen Typ des folgenden Genehmigungsobjektes

die allgemeine Betriebserlaubnis –
Abk. ABE
vehicle type approval / general operating licence

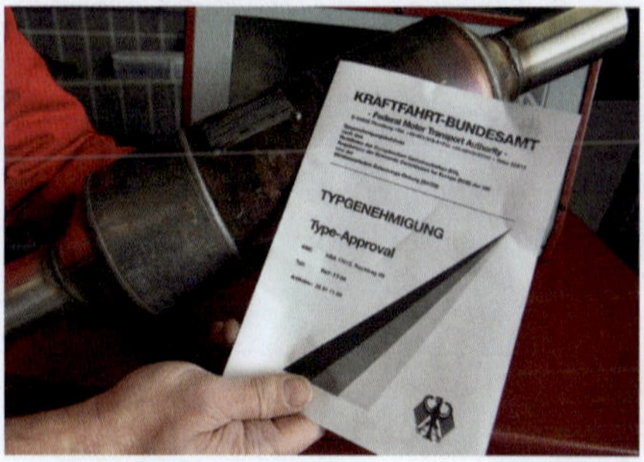

die Typgenehmigung
type approval certificate

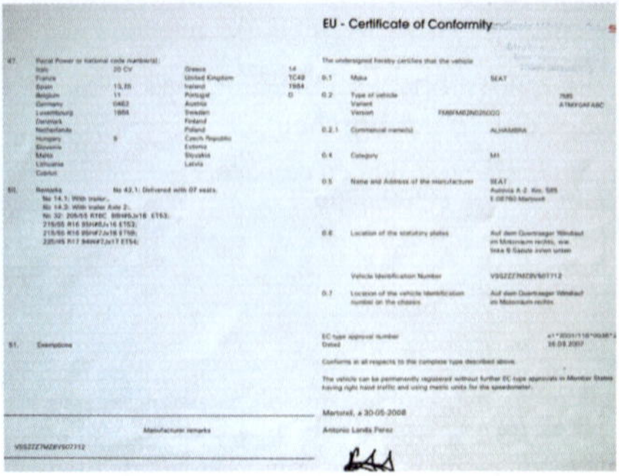

EU - Certificate of Conformity

das CoC-Zertifikat –
ugs. die EU-Betriebserlaubnis
certificate of conformity / EC type-approval

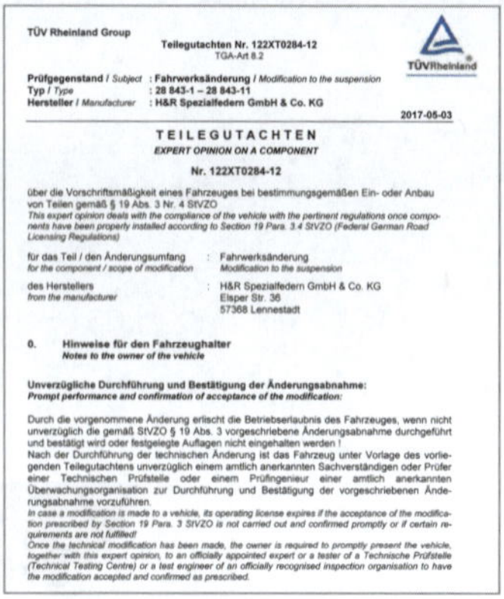

TÜV Rheinland Group

Teilegutachten Nr. 122XT0284-12
TGA-Art 8.2

TÜVRheinland

Prüfgegenstand / *Subject* : **Fahrwerksänderung** / *Modification to the suspension*
Typ / *Type* : **28 843-1 – 28 843-11**
Hersteller / *Manufacturer* : **H&R Spezialfedern GmbH & Co. KG**

2017-05-03

TEILEGUTACHTEN
EXPERT OPINION ON A COMPONENT

Nr. 122XT0284-12

über die Vorschriftsmäßigkeit eines Fahrzeuges bei bestimmungsgemäßen Ein- oder Anbau von Teilen gemäß § 19 Abs. 3 Nr. 4 StVZO
This expert opinion deals with the compliance of the vehicle with the pertinent regulations once components have been properly installed according to Section 19 Para. 3.4 StVZO (Federal German Road Licensing Regulations)

für das Teil / den Änderungsumfang / *for the component / scope of modification* : Fahrwerksänderung / *Modification to the suspension*

des Herstellers / *from the manufacturer* : H&R Spezialfedern GmbH & Co. KG, Elsper Str. 36, 57368 Lennestadt

0. Hinweise für den Fahrzeughalter
Notes to the owner of the vehicle

Unverzügliche Durchführung und Bestätigung der Änderungsabnahme:
Prompt performance and confirmation of acceptance of the modification:

Durch die vorgenommene Änderung erlischt die Betriebserlaubnis des Fahrzeuges, wenn nicht unverzüglich die gemäß StVZO § 19 Abs. 3 vorgeschriebene Änderungsabnahme durchgeführt und bestätigt wird oder festgelegte Auflagen nicht eingehalten werden !
Nach der Durchführung der technischen Änderung ist das Fahrzeug unter Vorlage des vorliegenden Teilegutachtens unverzüglich einem amtlich anerkannten Sachverständigen oder Prüfer einer Technischen Prüfstelle oder einem Prüfingenieur einer amtlich anerkannten Überwachungsorganisation zur Durchführung und Bestätigung der vorgeschriebenen Änderungsabnahme vorzuführen.
In case a modification is made to a vehicle, its operating license expires if the acceptance of the modification prescribed by Section 19 Para. 3 StVZO is not carried out and confirmed promptly or if certain requirements are not fulfilled!
Once the technical modification has been made, the owner is required to promptly present the vehicle, together with this expert opinion, to an officially appointed expert or a tester of a Technische Prüfstelle (Technical Testing Centre) or a test engineer of an officially recognised inspection organisation to have the modification accepted and confirmed as prescribed.

das Teilegutachten
technical component report

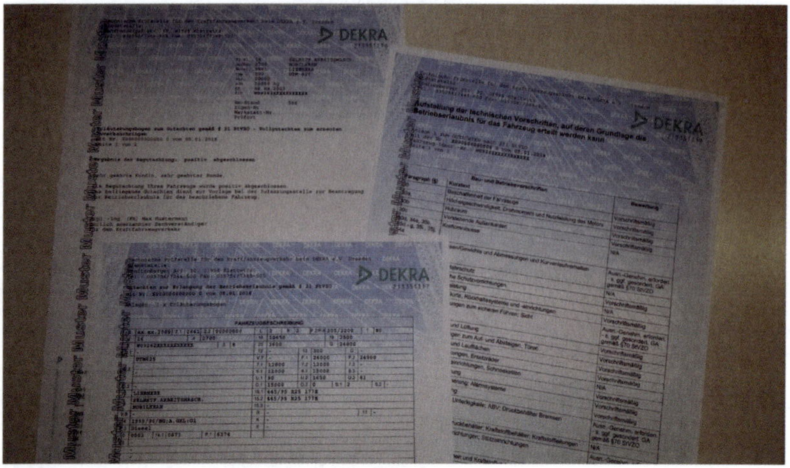

die Einzelbetriebserlaubnis – *Abk.* EBE – *ugs.* das Vollgutachten
individual operating licence

das Prüfzeichen
certification mark

4.2 Fahrzeugdokumente – Vehicle documents

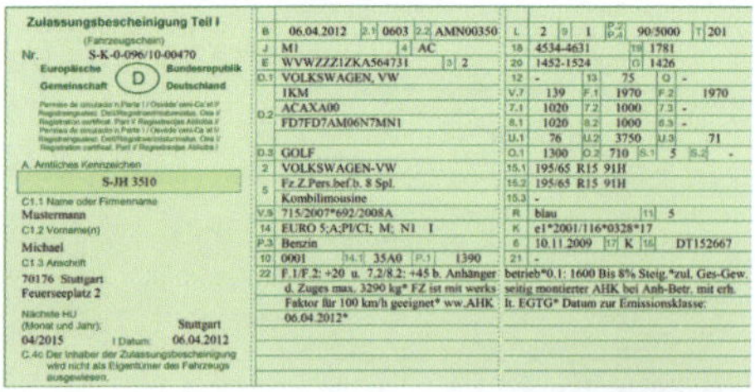

Zulassungsbescheinigung Teil I
(Fahrzeugschein)
Nr. S-K-0-096/10-00470
Europäische Gemeinschaft (D) Bundesrepublik Deutschland
A. Amtliches Kennzeichen
S-JH 3510
C1.1 Name oder Firmenname
Mustermann
C1.2 Vorname(n)
Michael
C1.3 Anschrift
70176 Stuttgart
Feuerseeplatz 2
Nächste HU (Monat und Jahr): 04/2015
Stuttgart
I Datum: 06.04.2012
C.4c Der Inhaber der Zulassungsbescheinigung wird nicht als Eigentümer des Fahrzeugs ausgewiesen.

B 06.04.2012 | 2.1 0603 | 2.2 AMN00350
J M1 | 4 AC
E WVWZZZ1ZKA564731 | 3 2
D.1 VOLKSWAGEN, VW
D.2 1KM / ACAXA00 / FD7FD7AM06N7MN1
D.3 GOLF
2 VOLKSWAGEN-VW
5 Fz.Z.Pers.bef.b. 8 Spl. / Kombilimousine
V.9 715/2007*692/2008A
14 EURO 5;A;PI/CI; M; N1 I
P.3 Benzin
10 0001 | 14.1 35A0 | P.1 1390
22 F.1/F.2: +20 u. 7.2/8.2: +45 b. Anhänger betrieb*0.1: 1600 Bis 8% Steig.*zul. Ges-Gew. d. Zuges max. 3290 kg* FZ ist mit werks seitig montierter AHK bei Anh-Betr. mit erh. Faktor für 100 km/h geeignet* ww.AHK lt. EGTG* Datum zur Emissionsklasse: 06.04.2012*

L 2 | 9 1 | P.2/P.4 90/5000 | T 201
18 4534-4631 | 19 1781
20 1452-1524 | G 1426
12 - | 13 75 | Q -
V.7 139 | F.1 1970 | F.2 1970
7.1 1020 | 7.2 1000 | 7.3 -
8.1 1020 | 8.2 1000 | 8.3 -
U.1 76 | U.2 3750 | U.3 71
O.1 1300 | O.2 710 | S.1 5 | S.2 -
15.1 195/65 R15 91H
15.2 195/65 R15 91H
15.3 -
R blau | 11 5
K e1*2001/116*0328*17
6 10.11.2009 | 17 K | 16 DT152667
21 -

die Zulassungsbescheinigung Teil 1 – *ugs.* der Fahrzeugschein
part I of the registration certificate – coll. vehicle identification card

die Zulassungsbescheinigung Teil 2 – *ugs.* der Fahrzeugbrief
part II of the registration certificate / certificate of title – coll. registration document

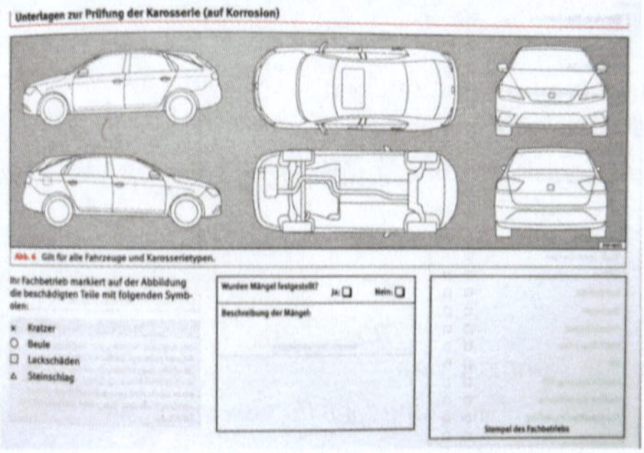

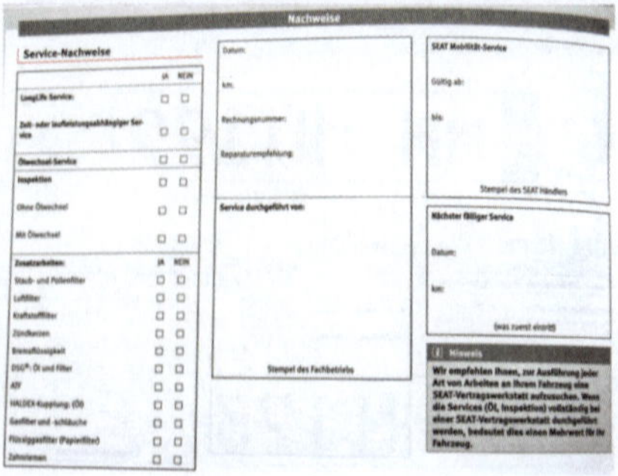

das Serviceheft – *ugs.* das Scheckheft

service record / maintenance booklet – coll. (vehicle) service book

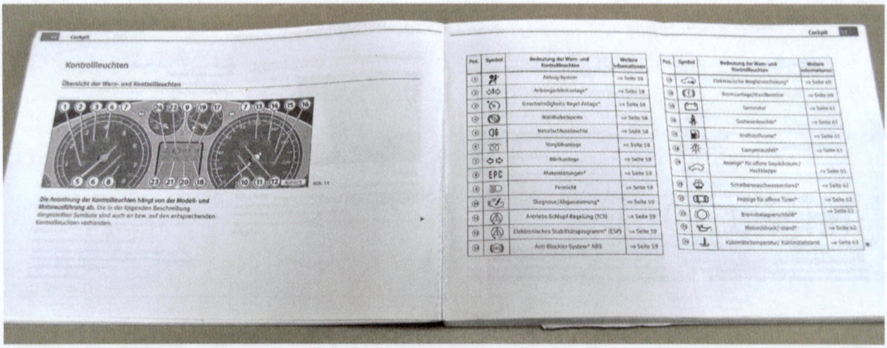

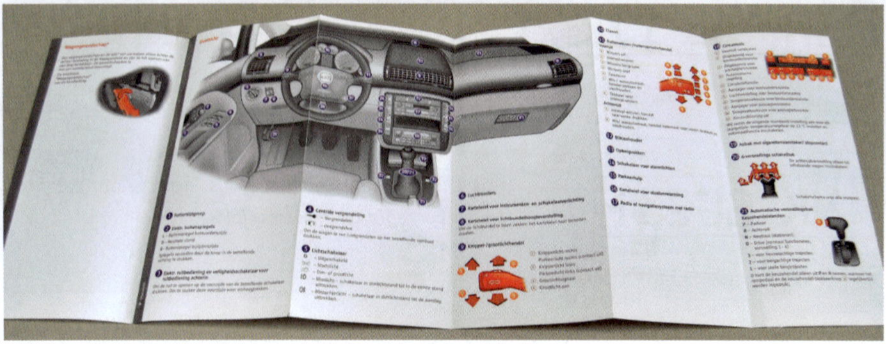

das Bedienungshandbuch – *ugs.* das Benutzerhandbuch

operator's manual / owner's manual – coll. user guide

Amtliche Kennzeichen – License numbers

das allgemeine Kennzeichen –
ugs. das Euro-Kennzeichen
generally registration number (plate)

das grüne Kennzeichen
green registration number (plate) for tax exemption

das rote Kennzeichen –
ugs. das Händlerkennzeichen
red registration number (plate) for test run and overpass

das Wechselkennzeichen – *ugs.* das W-Kennzeichen
transferable registration number (plate)
for a number of vehicles

das Saisonkennzeichen
seasonal registration number (plate)

das Oldtimerkennzeichen – *ugs.* das H-Kennzeichen
classic car registration number (plate)

das rote Oldtimerkennzeichen –
ugs. das rote H-Kennzeichen
red classic car registration number (plate)
for test run and overpass

das Kennzeichen für Elektrofahrzeuge –
ugs. das E-Kennzeichen
registration number (plate) for electric vehicles

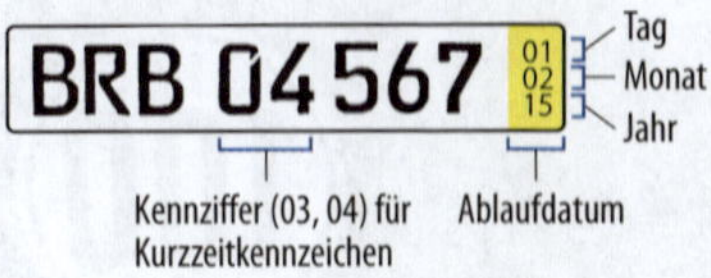

das Kurzzeitkennzeichen –
ugs. das Überführungskennzeichen
short-time registration number (plate)
for a couple of days

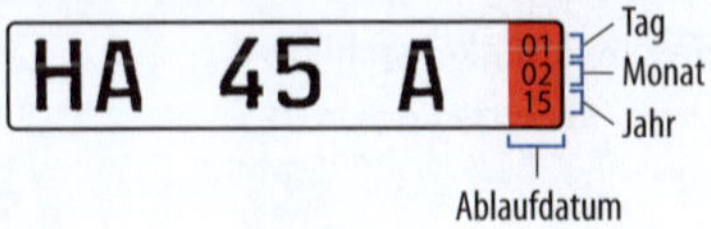

das Ausfuhrkennzeichen –
ugs. das Exportkennzeichen
export registration number (plate)

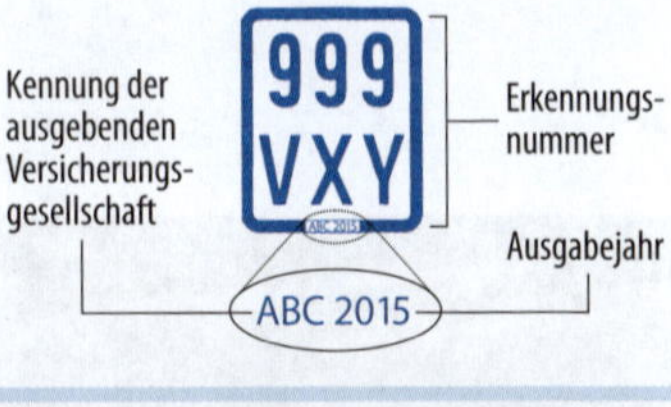

das Versicherungskennzeichen
insurance registration number (plate)

das Diplomatenkennzeichen –
ugs. das 0-Kennzeichen
diplomatic registration number (plate)

das Botschaftskennzeichen
embassy registration number (plate)

das Konsulatskennzeichen
consular registration number (plate)

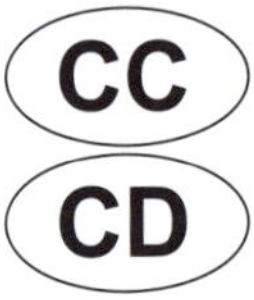

das Konsulats- und Diplomaten-Zusatzschild –
ugs. das CC-Zusatzschild / das CD-Zusatzschild

consular additional label and diplomatic additional label

das internationale KFZ-Kennzeichen –
ugs. das Nationalitätenkennzeichen

country code – coll. nationality plate

das Geschwindigkeitsschild

speed sign / speed indication

4.3 Fahrzeugdaten – Vehicle data

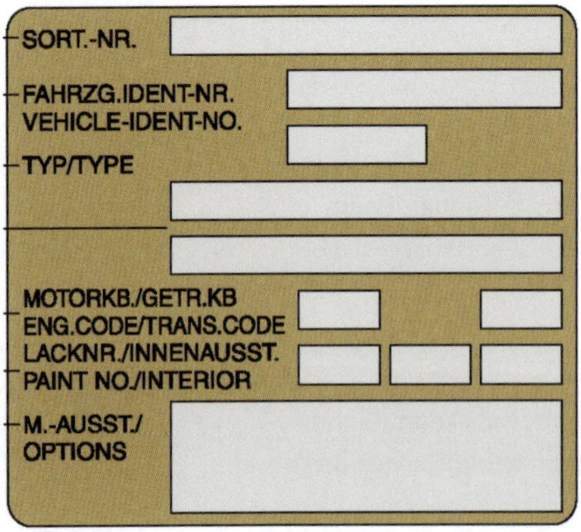

der Fahrzeug-Datenträger –
ugs. das Typenschild

vehicle data plate / nameplate – coll. type plate

der Motorkennbuchstabe

engine code

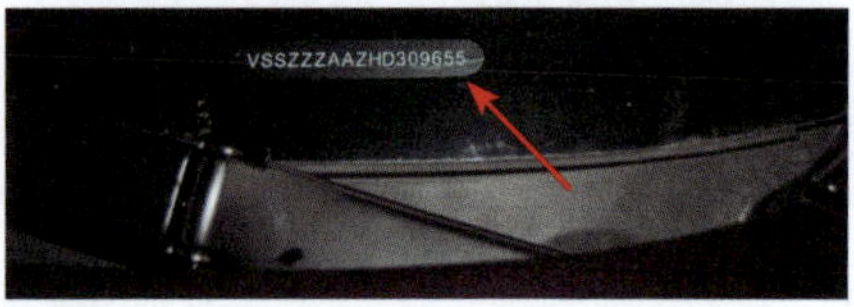

die Fahrzeugidentifikationsnummer –
Abk. FIN – *ugs.* die Fahrgestellnummer

vehicle identification number –
abbrev. VIN – coll. chassis number

der Kilometerstand – *ugs.* der Tachostand
mileage (status) / odometer value

die Typschlüsselnummer – *ugs.* der Typschlüssel
model code (number)

die Herstellerschlüsselnummer – *ugs.* der Herstellerschlüssel
manufacturer code number

4.4 Werkstattdokumente – Workshop documents

der Kundenauftrag
costumer's order

die Auftragskarte
job order card

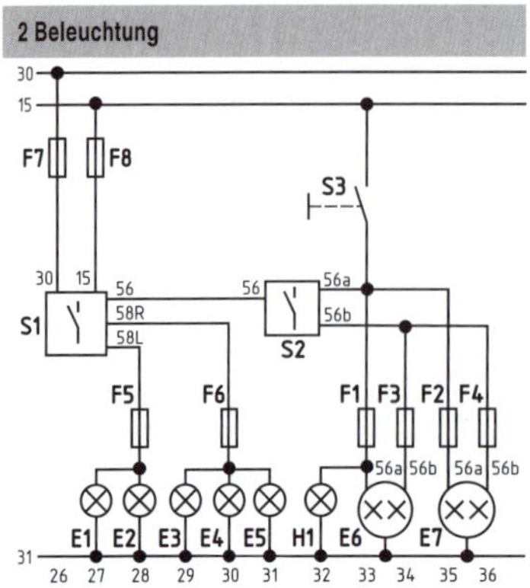

der Stromlaufplan – *ugs.* der Schaltplan
wiring diagram / circuit diagram

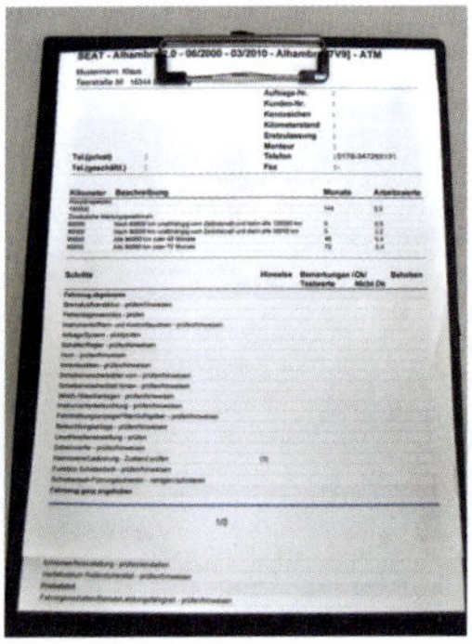

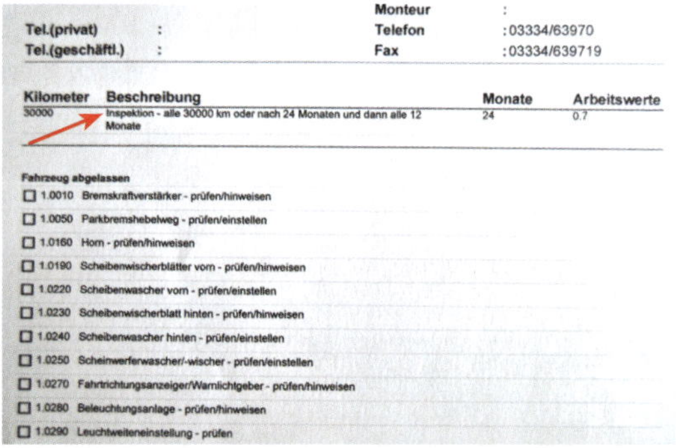

Tel.(privat)	:	Monteur	:
		Telefon	:03334/63970
Tel.(geschäftl.)	:	Fax	:03334/639719

Kilometer	Beschreibung	Monate	Arbeitswerte
30000	Inspektion - alle 30000 km oder nach 24 Monaten und dann alle 12 Monate	24	0.7

Fahrzeug abgelassen
- ☐ 1.0010 Bremskraftverstärker - prüfen/hinweisen
- ☐ 1.0050 Parkbremshebelweg - prüfen/einstellen
- ☐ 1.0160 Horn - prüfen/hinweisen
- ☐ 1.0190 Scheibenwischerblätter vorn - prüfen/hinweisen
- ☐ 1.0220 Scheibenwascher vorn - prüfen/einstellen
- ☐ 1.0230 Scheibenwischerblatt hinten - prüfen/hinweisen
- ☐ 1.0240 Scheibenwascher hinten - prüfen/einstellen
- ☐ 1.0250 Scheinwerferwascher/-wischer - prüfen/einstellen
- ☐ 1.0270 Fahrtrichtungsanzeiger/Warnlichtgeber - prüfen/hinweisen
- ☐ 1.0280 Beleuchtungsanlage - prüfen/hinweisen
- ☐ 1.0290 Leuchtweiteneinstellung - prüfen

der Inspektionsplan
inspection plan

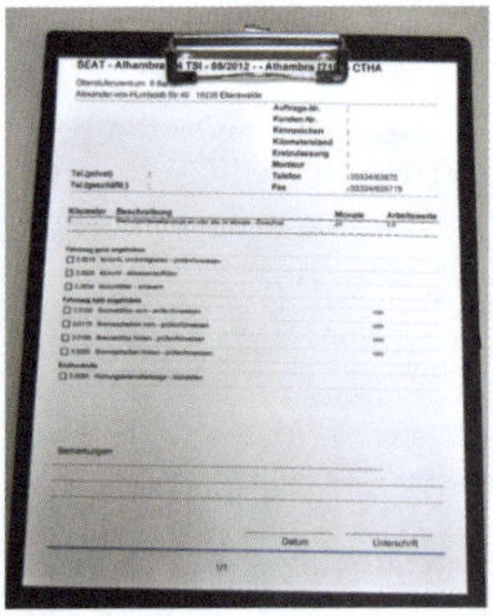

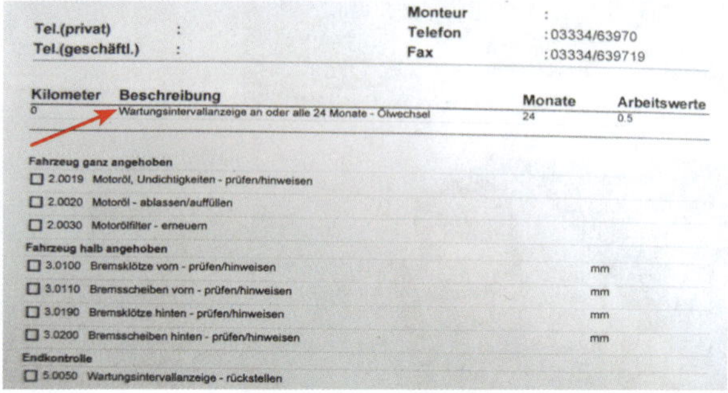

Tel.(privat)	:	Monteur	:
		Telefon	:03334/63970
Tel.(geschäftl.)	:	Fax	:03334/639719

Kilometer	Beschreibung	Monate	Arbeitswerte
0	Wartungsintervallanzeige an oder alle 24 Monate - Ölwechsel	24	0.5

Fahrzeug ganz angehoben
- ☐ 2.0019 Motoröl, Undichtigkeiten - prüfen/hinweisen
- ☐ 2.0020 Motoröl - ablassen/auffüllen
- ☐ 2.0030 Motorölfilter - erneuern

Fahrzeug halb angehoben
- ☐ 3.0100 Bremsklötze vorn - prüfen/hinweisen — mm
- ☐ 3.0110 Bremsscheiben vorn - prüfen/hinweisen — mm
- ☐ 3.0190 Bremsklötze hinten - prüfen/hinweisen — mm
- ☐ 3.0200 Bremsscheiben hinten - prüfen/hinweisen — mm

Endkontrolle
- ☐ 5.0050 Wartungsintervallanzeige - rückstellen

der Wartungsplan
maintenance plan / maintenance schedule

5 Das Kraftfahrzeug – Motor vehicle

5.1 Bauarten – Types

das Kraftfahrzeug – *ugs.* das Auto – *Abk.* KFZ
power driven vehicle

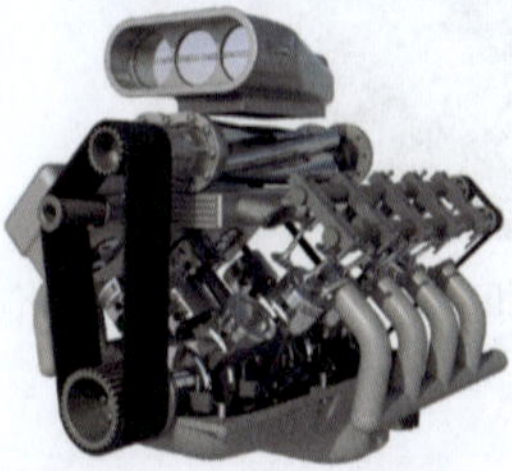

der Verbrennungsmotor – *ugs.* der Verbrenner
(internal) combustion engine

das Benzinfahrzeug – *ugs.* der Benziner
petrol(-engined) vehicle

das Dieselfahrzeug – *ugs.* der Diesel
diesel(-engined) vehicle

5

der alternative Antrieb
alternative drive

das Solarfahrzeug
solar(-powered) car

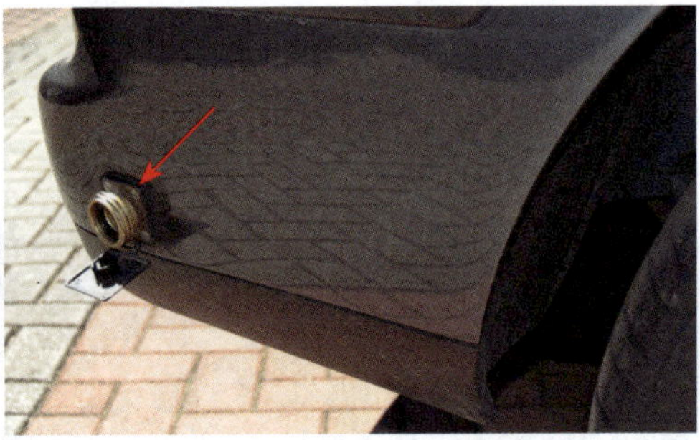

das Flüssiggasfahrzeug – *ugs.* das Autogasfahrzeug – *Abk.* LPG (betanken)
(to fuel the) liquefied petroleum gas vehicle – abbrev. LPG

das Erdgasfahrzeug – *Abk.* CNG
(compressed) natural gas vehicle – abbrev. CNG

das Hybridfahrzeug – *ugs.* das Hybridauto
hybrid car

das Elektrofahrzeug – *ugs.* das E-Auto
electric vehicle / electrically powered vehicle

das Wasserstofffahrzeug – *ugs.* das Brennstoffzellenauto
vehicle with hydrogen combustion engine / fuel cell vehicle

5

das Kraftrad

power driven cycle

das Kleinkraftrad – *ugs.* das Moped

moped

der Motorroller

(motor) scooter

das Motorrad

motorcycle / motorbike

der Personenkraftwagen –
ugs. / Abk. der PKW

passenger car

das Quad

quad bike

das Leichtkraftfahrzeug

light four-wheeled vehicle

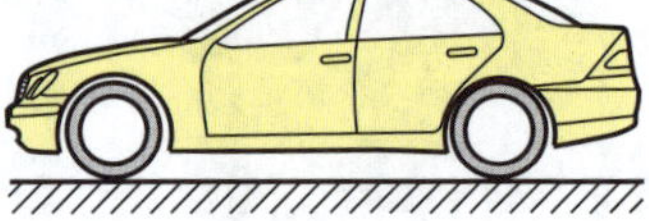

die Limousine

limousine / saloon (sedan)

die Schräghecklimousine
hatchback

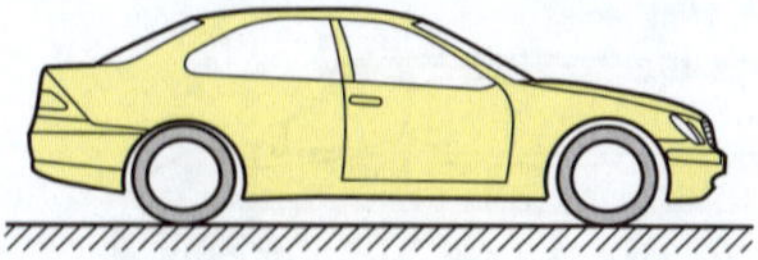

das Coupé
coupé

der Sportwagen – der Roadster
sports car / roadster

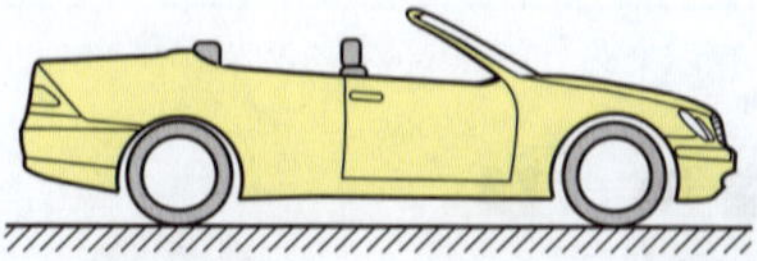

das Kabriolett
convertible / cabriolet

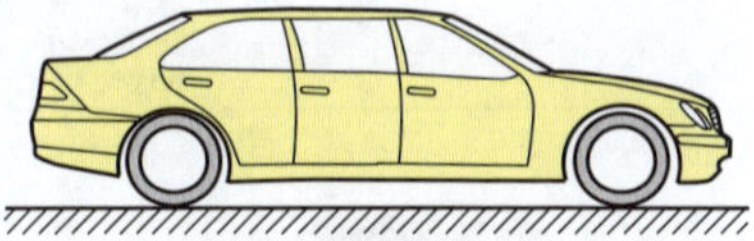

die Pullman-Limousine –
ugs. die Stretchlimousine
pullman limousine / pullman sedan – coll. stretch limousine

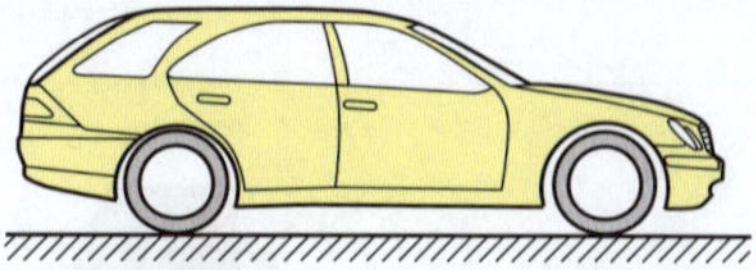

der Kombi
station wagon / shooting brake

der Geländewagen – das/der SUV
off-road vehicle / sport utility vehicle – abbrev. SUV

der Pick-up
pick up

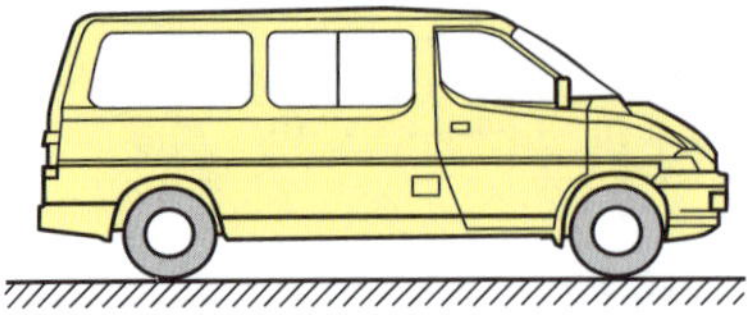

die Großraumlimousine – *ugs.* der Van
people carrier / Van

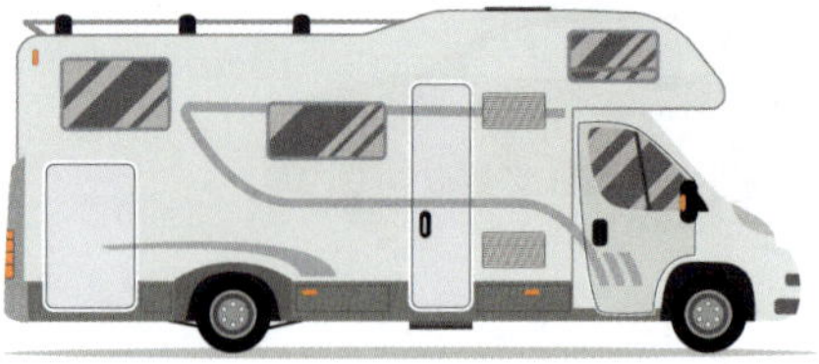

das Reisemobil – *ugs.* das Wohnmobil
recreational vehicle – abbr. RV

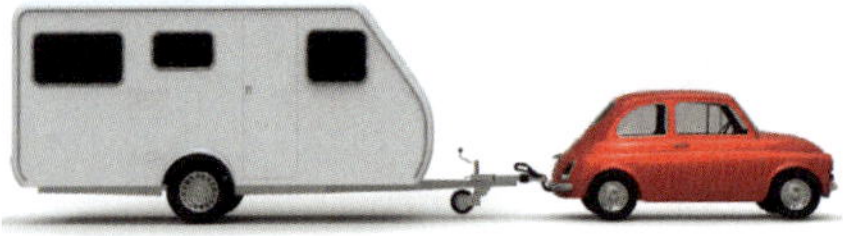

die Fahrzeugkombination
combination of vehicles

der Personenkraftwagenzug – *ugs.* das PKW-Gespann
(passenger) car/trailer combination

der Nutzkraftwagen – *Abk.* NKW
commercial vehicle

der Kraftomnibus – *ugs.* der Bus – *Abk.* KOM
(motor) bus

der Kleinbus
minibus

der Linienbus
urban bus / regular bus

der Überlandlinienbus
interurban coach / intercity coach

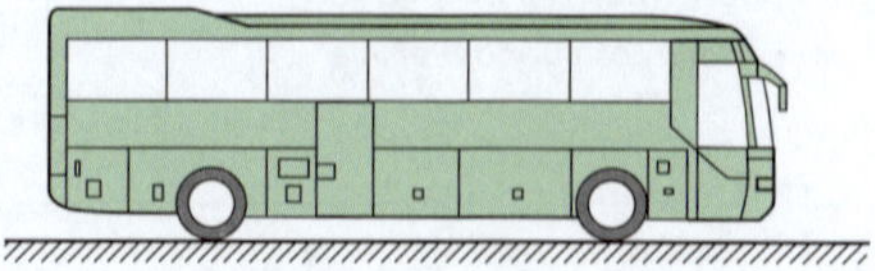

der Reisebus
long distance coach / tour coach

der Gelenkbus
articulated bus

der Oberleitungsbus – *ugs.* der O-Bus
trolley bus

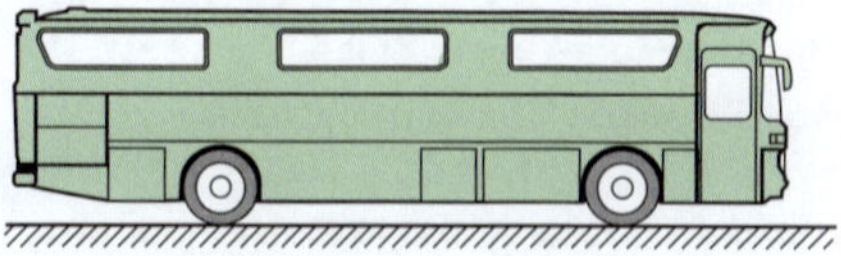

der Spezialbus
(z.B. für Gefangenentransport)
special bus (e.g. for prisoner transport)

der Omnibuszug
passenger road train

5

der Lastkraftwagen – *ugs. / Abk.* der LKW
lorry (truck)

der Vielzwecklastkraftwagen
general purpose goods vehicle

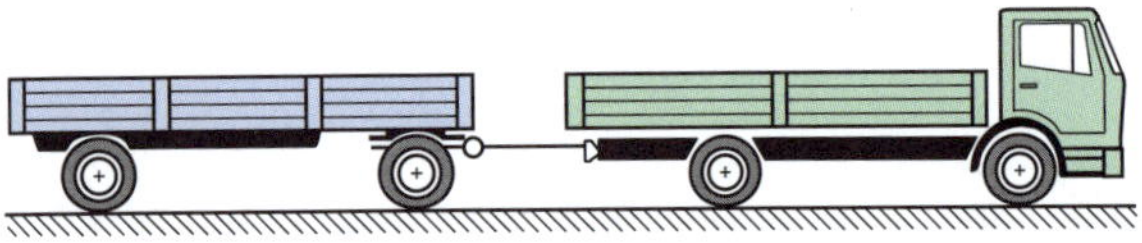

der Lastkraftwagenzug
road train / lorry with trailer

der Zugmaschinenzug
drawbar tractor combination / tractor truck with trailer

der Speziallastkraftwagen
(z.B. das Betonmischfahrzeug)
special commercial vehicle (e.g. truck mixer)

die Anhänger-Zugmaschine
trailer towing vehicle / drawbar tractor

die Sattelzugmaschine
semi-trailer towing vehicle / fifth wheel tractor

das Sattelkraftfahrzeug
articulated vehicle

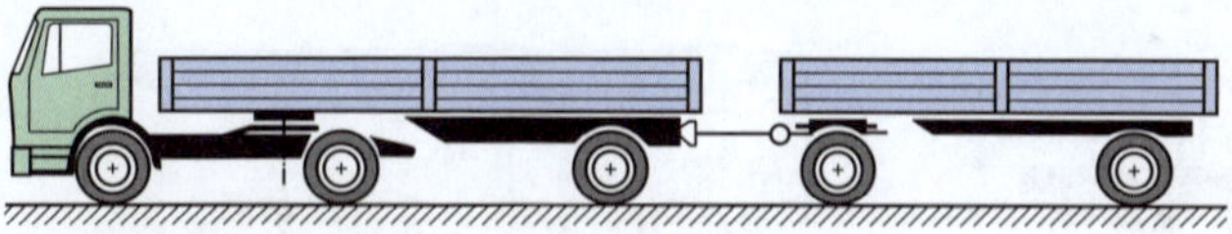

der Sattelzug
double road train / articulated lorry

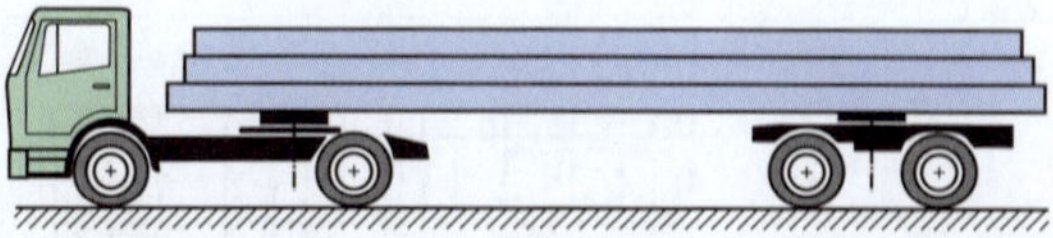

der Brückenzug
platform road train

der Traktor
tractor

das Anhängefahrzeug – *ugs.* der Anhänger
towed vehicle / car trailer

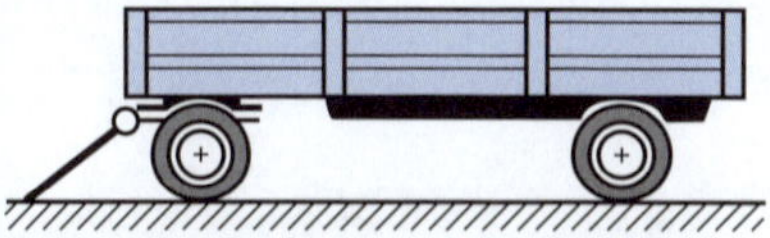

der Deichselanhänger
drawbar trailer – rigid drawbar trailer

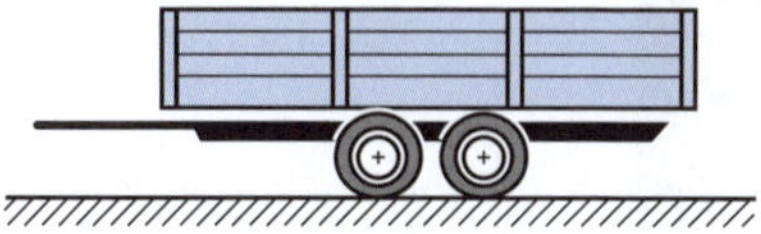

der Zentralachsanhänger
centre axle trailer

der Sattelanhänger
semitrailer / articulated trailer

5

der Lastanhänger
goods trailer

der Busanhänger
bus trailer

der Caravan – *ugs.* der Wohnwagen
caravan

der Spezialanhänger
special trailer

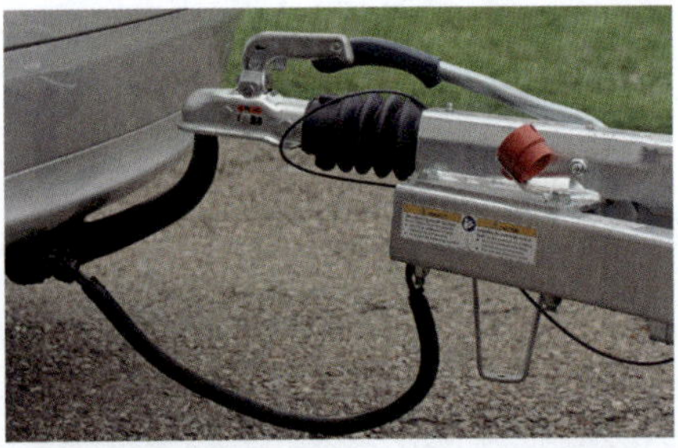

die Anhängerzugvorrichtung –
ugs. die Anhängerkupplung
coupling device / trailer hitch – coll. towbar

die abnehmbare
Anhängerzugvorrichtung
detachable towbar /
removable trailer coupling

an-/abkuppeln / an-/abkoppeln
to couple / to uncouple

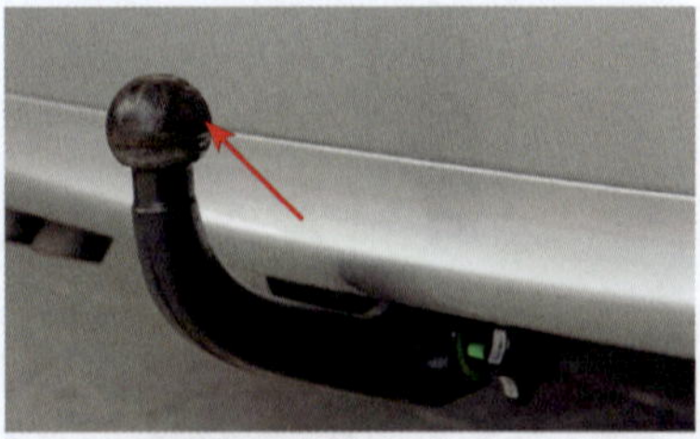

der Anhängerkupplungskopf –
ugs. der Kugelkopf
coupling head / hitch ball – coll. trailer ball

die zulässige Anhängelast
permissible trailer weight / permissible towing capacity

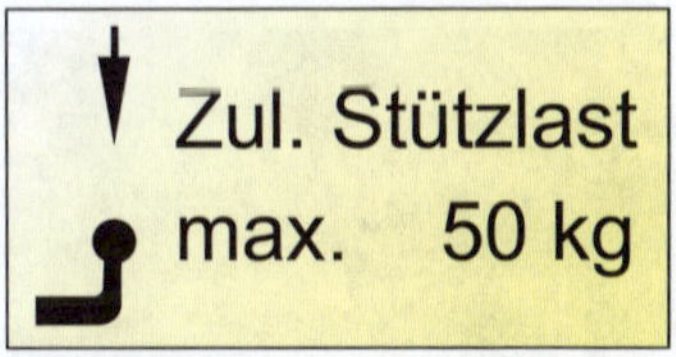

die zulässige Stützlast
permissible maximum mass on the coupling point / permissible vertical load

der Adapter
adapter

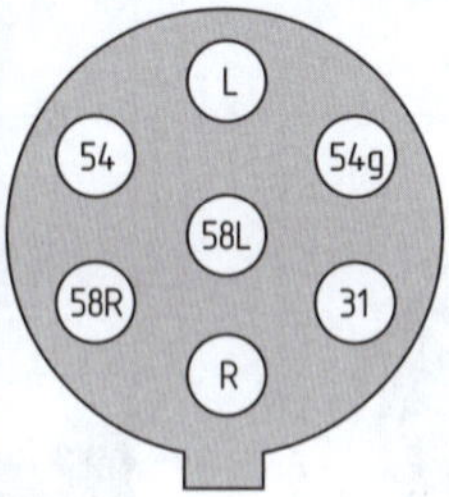

die siebenpolige Anhängersteckdose
7-pin trailer socket

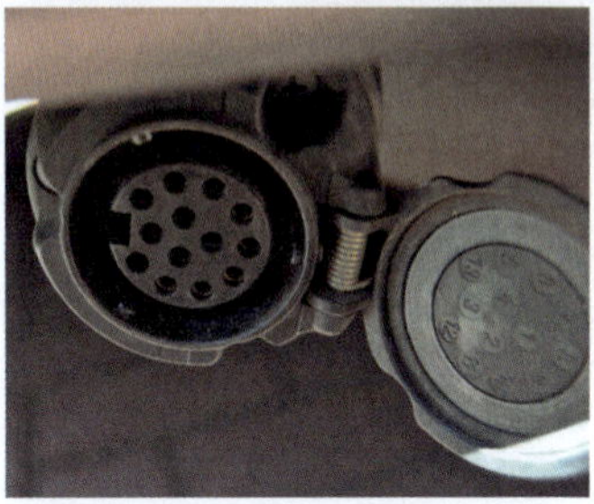

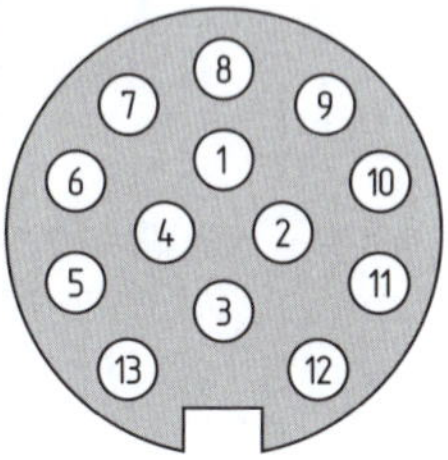

die dreizehnpolige Anhängersteckdose
13-pin trailer socket

der siebenpolige Anhängerstecker
7-pin trailer cable plug

der dreizehnpolige Anhängerstecker
13-pin trailer cable plug

die Kugelkopfkupplung
ball head coupling

die Bolzenkupplung
crown pin coupling

die Hakenkupplung –
ugs. die NATO-Kupplung
pintle hook coupling

die Maulkupplung
open-end coupling

die Sattelkupplung
fifth-wheel coupling

die Abschleppkupplung
drawbar coupling / towing hitch

5.2 Fahrzeugabmessungen – Vehicle dimensions

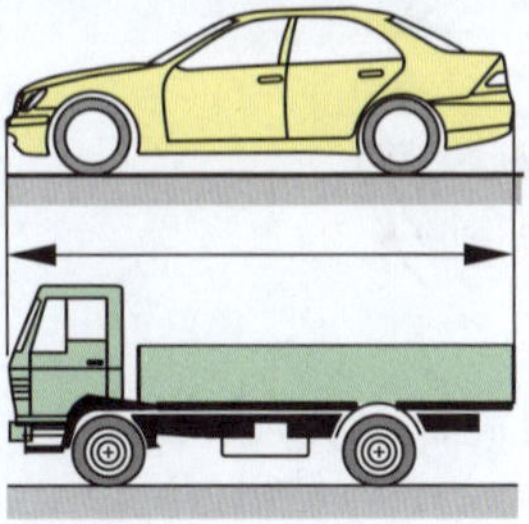

die Fahrzeuglänge
vehicle length

die Fahrzeugbeite
vehicle width

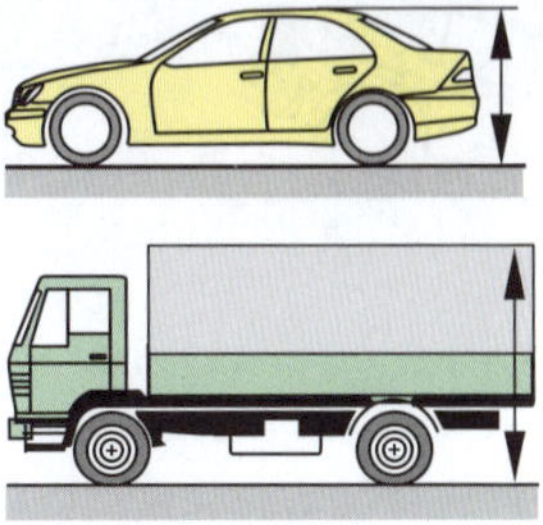

die Fahrzeughöhe
vehicle height

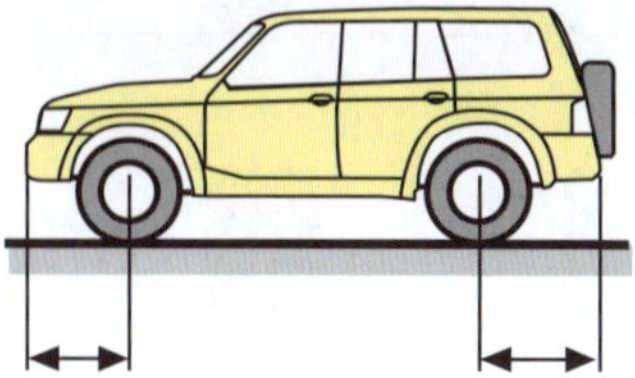

die Überhanglänge
overhang length

5

der Überhangwinkel

overhang angle

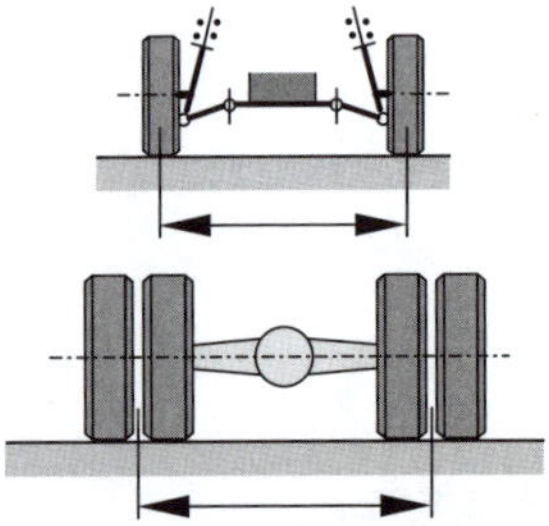

die Spurweite

tread

die Bodenfreiheit

ground clearance

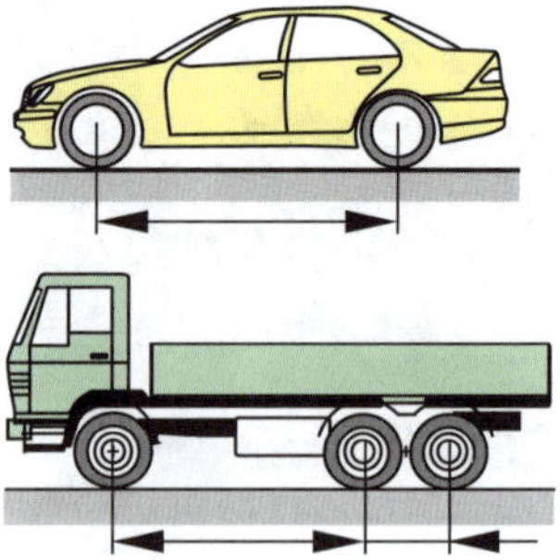

der Radstand

wheelbase

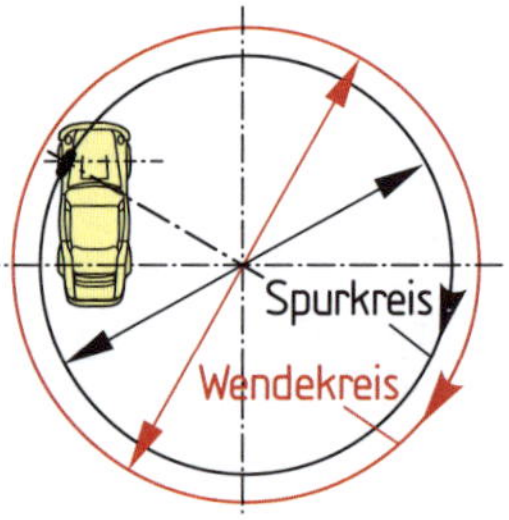

der Wendekreisdurchmesser – der Spurkreis

minimum turning diameter – turning circle

der Rampenwinkel

ramp angle

5.3 Fahrzeugmassen – Vehicle weights

die Leermasse – *ugs.* das Leergewicht
empty weight

die zulässige Gesamtmasse –
ugs. das zulässige Gesamtgewicht
permissible total weight / maximum authorized mass

die zulässige Nutzlast
permissible payload

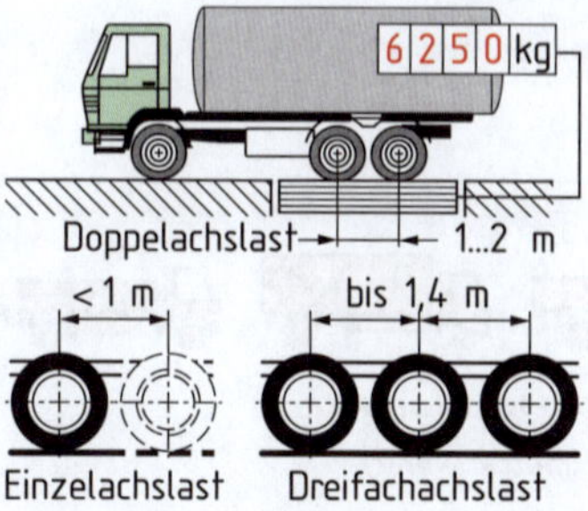

die zulässige Achslast
permissible axle weight rating

die zulässige Anhängelast
permissible trailer weight

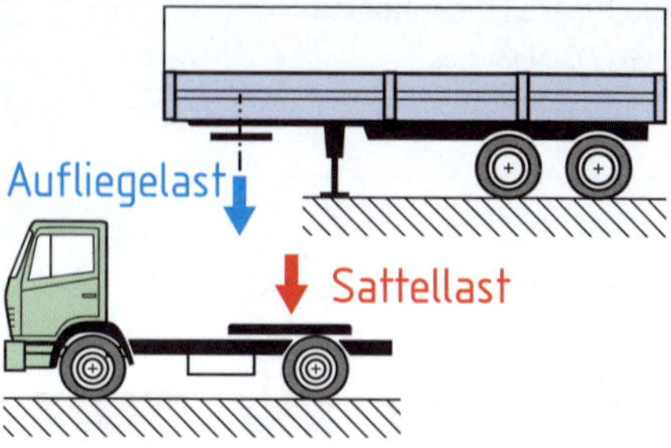

die zulässige Sattellast und Aufliegelast
permissible vertical load

5.4 Einteilung der Fahrerlaubnisklassen – Classification of driver licences

EU-Fahrerlaubnisklassen – Driver licences standardised within the EU

die Klasse A und AM: Kraftrad
class A and AM: motorcycle

die Klasse B: Personenkraftwagen
class B: passenger car

die Klasse C: Lastkraftwagen
class C: commercial vehicle

die Klasse D: Kraftomnibus
class D: motor bus

Sonder-Klassen – Driver licences only valid in Germany

die Klasse L und T: Land- und Forstmaschine
class L and T: agricultural and forestry machine

6 Baugruppen und Bauteile – Assemblies and components

6.1 Sicherheitsausrüstung und Zusatzausrüstung – Safety equipment and accessory equipment

das Warndreieck
warning triangle / breakdown triangle

die Warnleuchte – *ugs.* die Notfallleuchte
beacon / warning light

die Warnweste
reflective vest / safety vest

der Verbandskasten – *ugs.* der Sani-Kasten
first-aid kit / ambulance box

die Rettungsdecke
emergency blanket / accident blanket

(der) Feuerlöscher
(portable) fire extinguisher

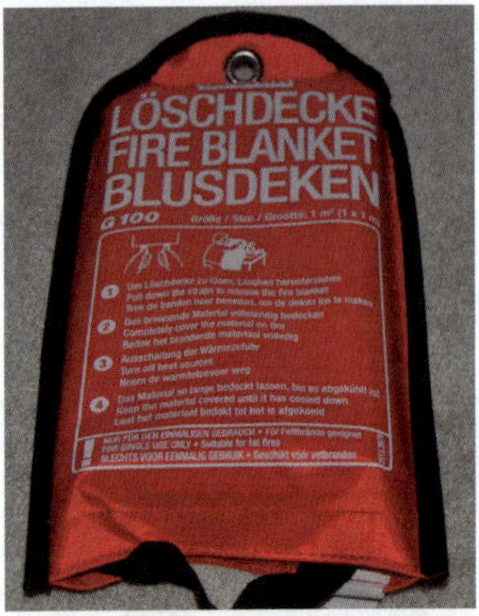

die Feuer-
löschdecke
fire blanket

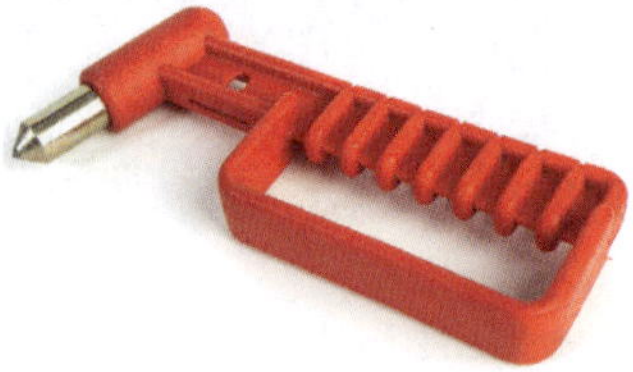

der Nothammer
window hammer / emergency hammer

das Notrad
emergency wheel

das Ersatzrad – *ugs.* das Reserverad
(full-size) spare wheel / spare tyre

das Reifen-Reparaturspray –
ugs. das (Reifen-)Pannenspray
tyre repair spray

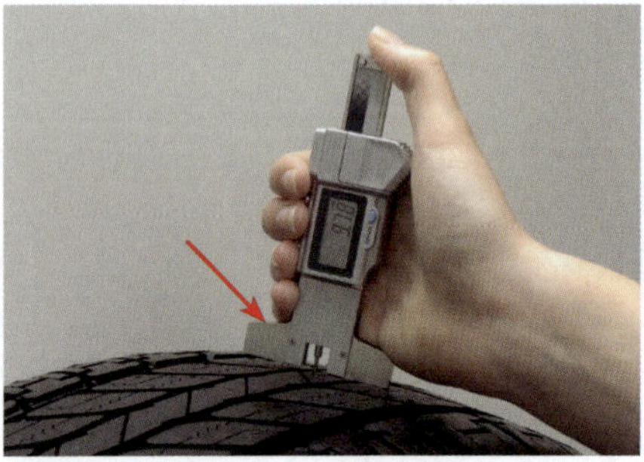

der Profiltiefenprüfer –
ugs. der (Reifen-)Profilprüfer
tread depth gauge

der (Reifen-)Luftdruckprüfer

(digital) tyre (pressure) gauge

das Starthilfekabel

battery jumper cable / booster cable

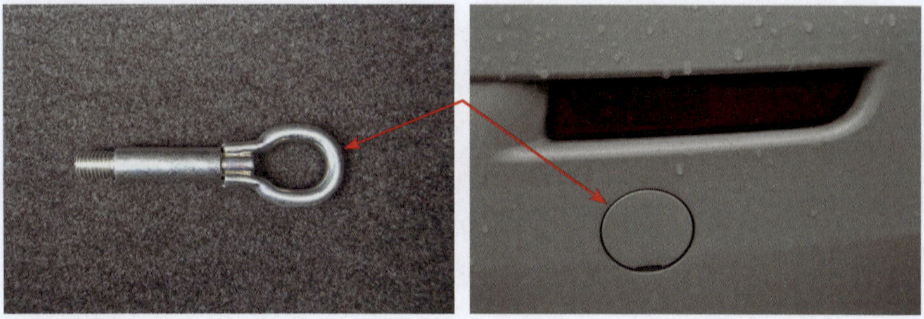

die Abschleppöse

tow eye / towing lug

die Abschleppstange

tow bar

der Handscheinwerfer

portable spotlight

das Abschleppseil
tow rope / towline

das Fahrzeug abschleppen
to tow the vehicle

der Unterlegkeil – *ugs.* der Hemmschuh
(wheel) chock – coll. brake shoe

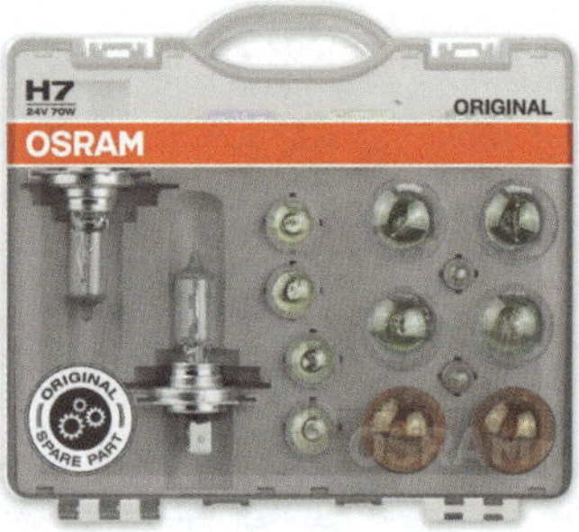

die Ersatzlampenbox
spare bulb box / replacement lamp box

der Reservekanister
spare canister / reserve fuel can

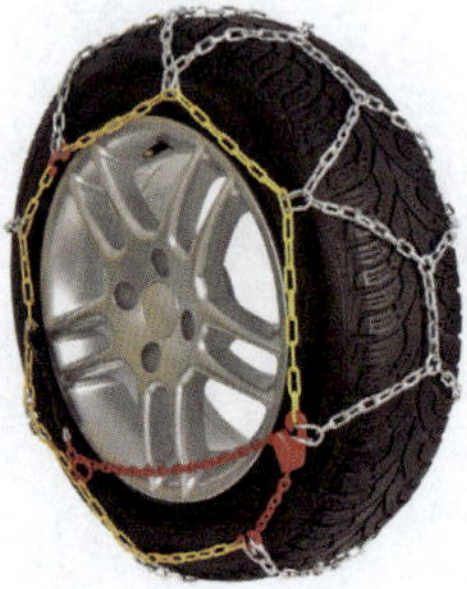

die Schneekette
snow chain / tyre chain

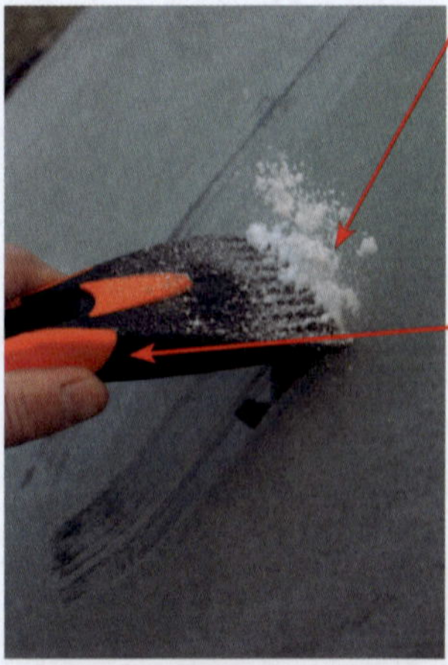

das Eis kratzen
to scrape the ice

der Eiskratzer
ice scraper

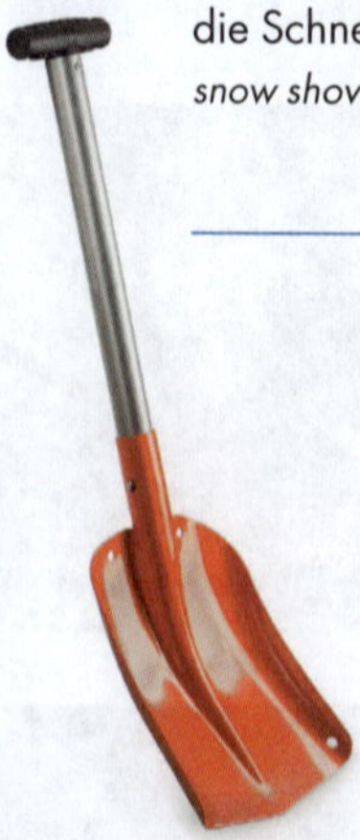

die Schneeschaufel
snow shovel

die Parkscheibe
clock disc / parking disc

der Spanngurt
lashing strap / tension belt

der Karabinerhaken
carabiner hook / snap hook

der Schäkel
shackle

die Wegfahrsperre –
ugs. die Parkkralle
vehicle immobiliser / wheel clamp / lock

6

6.2 Bordwerkzeug – Vehicle tools

das Fahrzeug anheben
to jack the vehicle up

der Wagenheber
lifting jack / automobile jack

der Radmutternschlüssel – *ugs.* der Radschlüssel
wheel nut wrench / tyre wrench – coll. wheel wrench

das Rad lösen
to loosen the wheel

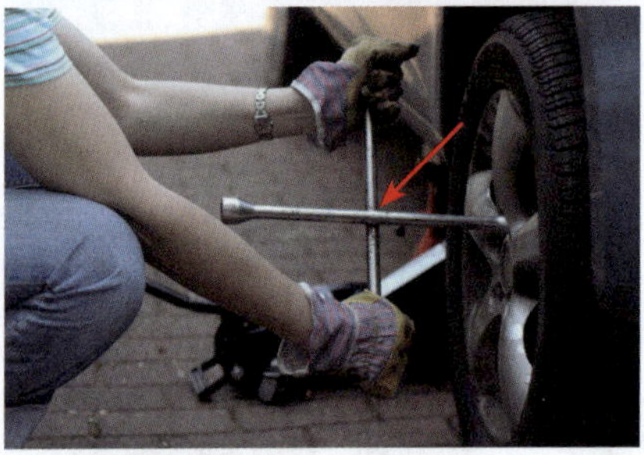

das Radkreuz
wheel wrench / wheel spider

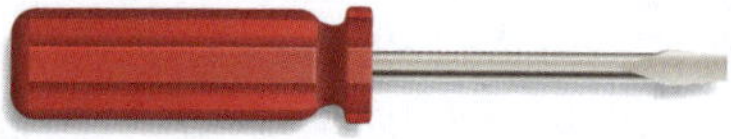

der Schraubendreher –
ugs. der Schraubenzieher
screwdriver – coll. turnscrew

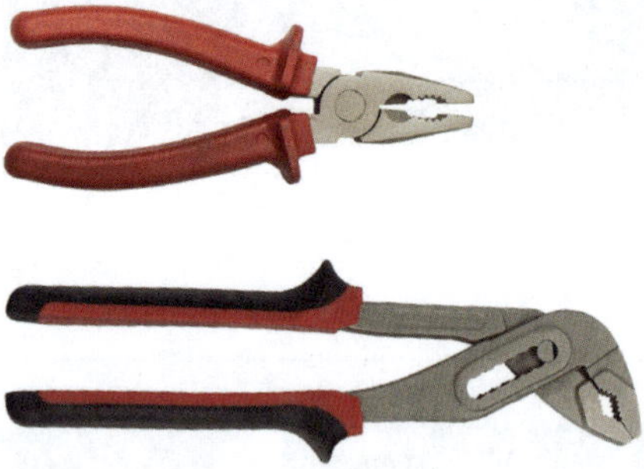

die (Kombinations- / Rohr-)Zange –
ugs. die Kombizange
(combination) pliers / (pipe) wrench

6.3 Fahrzeuginnenraum – Passenger compartment

das Armaturenbrett
dashboard / facia

die Instrumententafel
instrument panel / instrument board

das Lenkrad
steering wheel

die Lenkradfernbedienung
steering wheel remote control

die verstellbare Lenksäule –
ugs. die Lenkradhöhenverstellung
adjustable steering column / steering column adjust lever

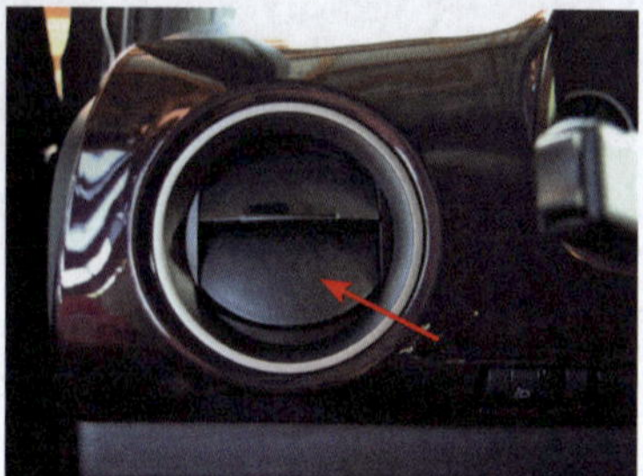

die Luftaustrittsdüse
air outlet nozzle / spot cooler

das Handschuhfach
glove compartment / glove box

das Ablagefach
oddments tray / package tray

der Lufterfrischer – *ugs.* der Duftbaum
(car) air freshener

der Getränkehalter
cupholder / beverage holder

die Bordspannungssteckdose
board voltage socket / power supply

der Aschenbecher
ashtray

der Zigarettenanzünder
cigarette lighter / cigar lighter

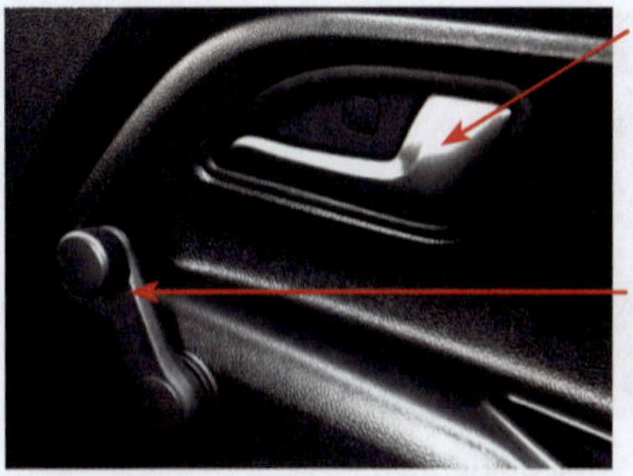

der Türöffnungshebel – *ugs.* der Türöffner
door opener

der manuelle Fensterheber – *ugs.* die Fensterkurbel
manual window lifter / manual window winder – coll. window crank handle

die Sonnenblende
(sun) visor

der (beleuchtete) Make-Up-Spiegel
(illuminated) vanity mirror

die Kindersicherung
child safety device / child safety lock

der Handgriff
handle / handgrip

der Innenrückspiegel
interior mirror

der Dachhimmel
headliner / roof liner

6

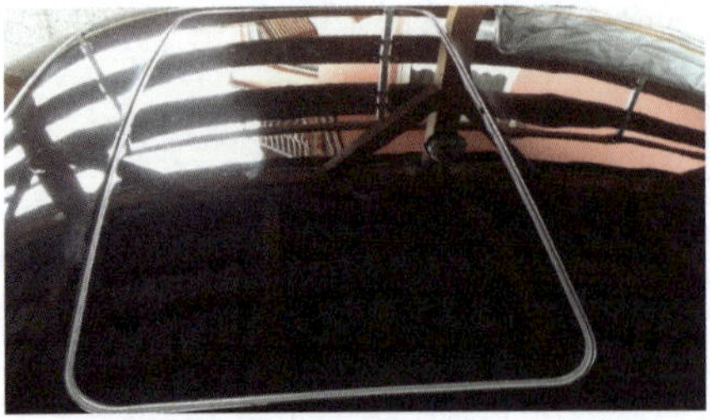

das Schiebe- und Ausstelldach –
ugs. das Schiebedach
sliding roof / sunroof

das Glasschiebedach
glass sunroof / moonroof

die Leselampe
reading lamp / reading light

die Innenleuchte
interior light

der Fahrersitz
driver's seat

der Beifahrersitz
(front) passenger seat

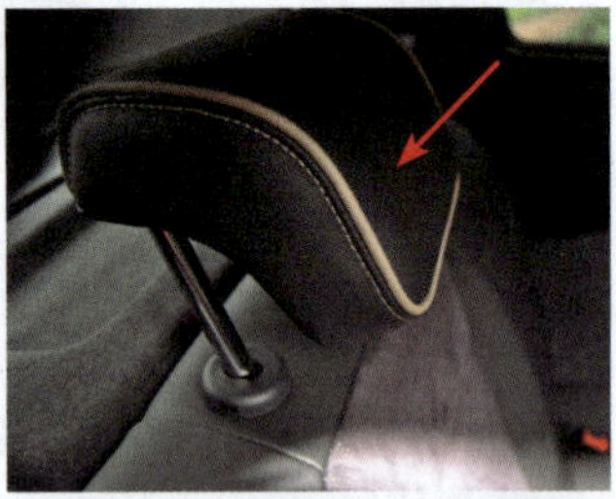

die Kopfstütze
headrest / head restraint

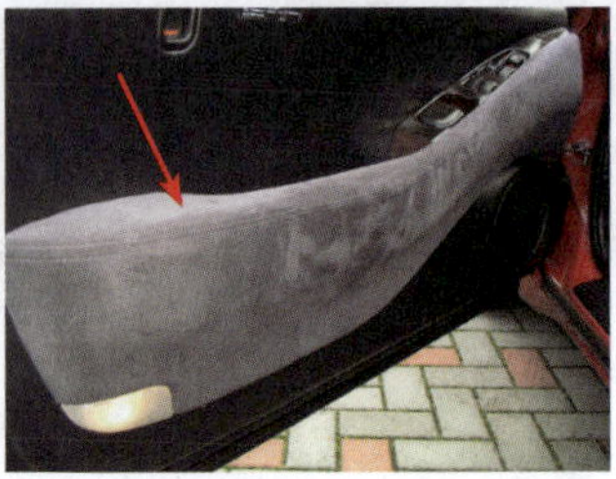

die Armlehne
armrest

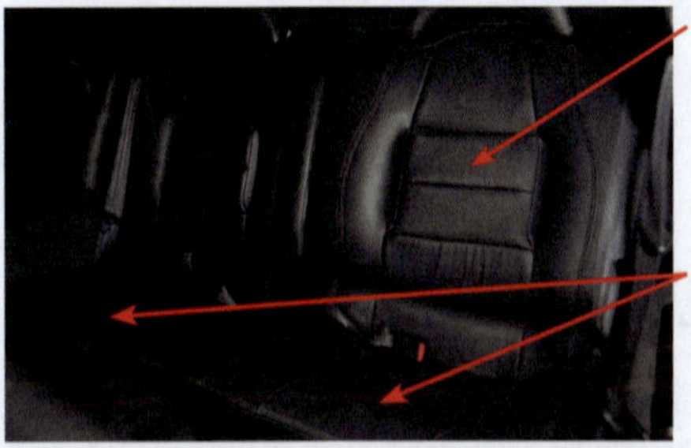

der Ledersitz
leather seat

der Rücksitz – *ugs.* die Rücksitzbank
back seat / rear seat

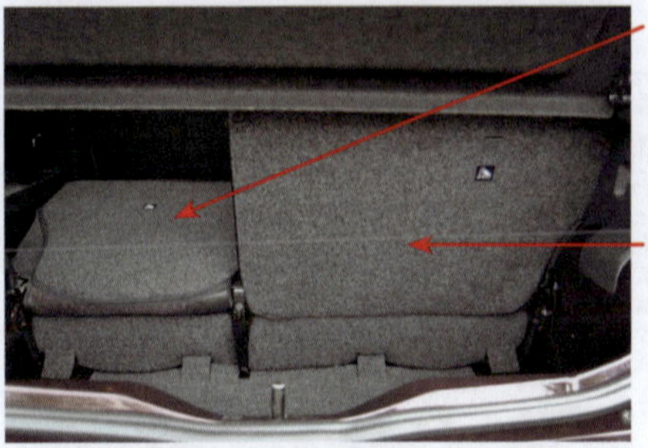

die Rücksitzlehne umklappen
to turn down the seatback

die geteilt umlegbare Rücksitzlehne – *ugs.* die geteilt umklappbare Rücksitzbank
reversible rear seatback / split folding rear seat

die Mittelarmlehne
central armrest / middle armrest

der Klapptisch
folding table / drop-leaf table

der (integrierte) Kindersitz
(integrated) child (safety) seat

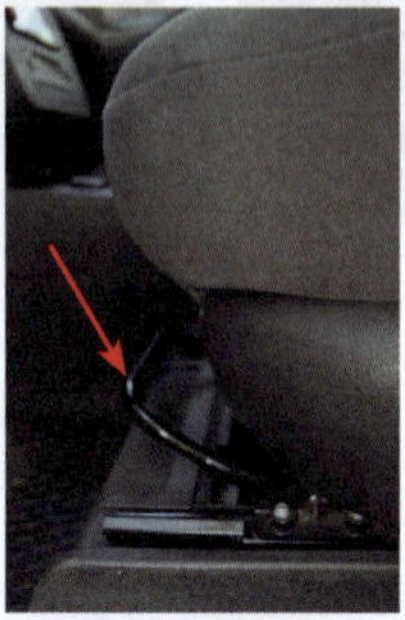

die manuelle Sitzlängsverstellung
manual horizontal seat adjustment

6

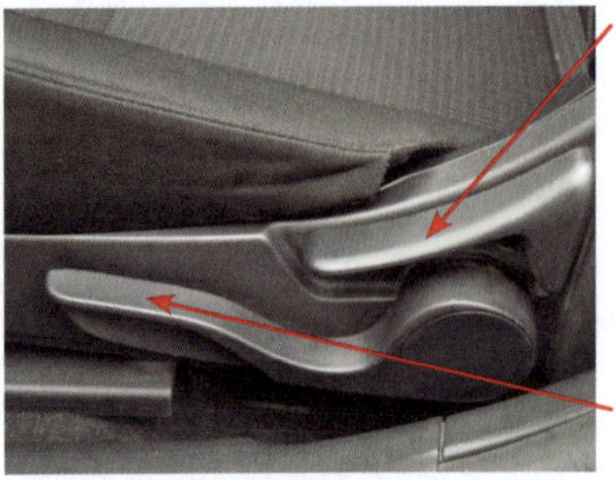

die manuelle Sitzlehnenneigungsverstellung
manual backrest inclination adjustment / manual seat back adjustment

die manuelle Sitzhöhenverstellung
manual (vertical) seat (height) adjustment

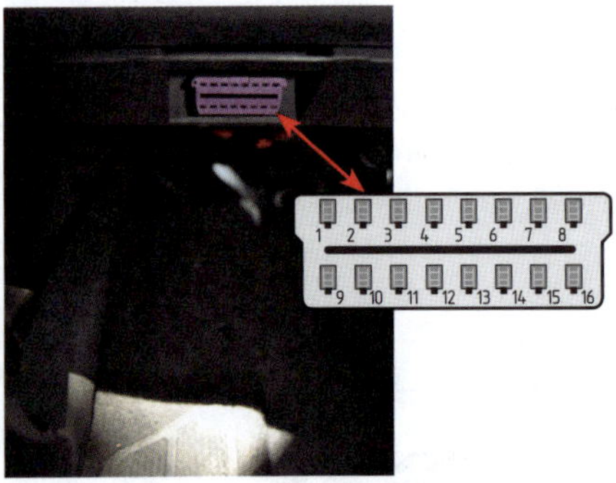

die EOBD-Diagnosebuchse
EOBD diagnostic socket

der Sicherheitsgurt
seat belt / safety belt

die Gurthöhenverstellung
seat belt height adjustment

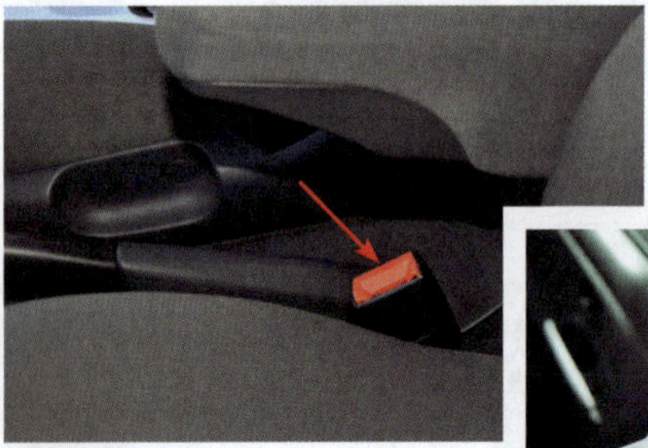

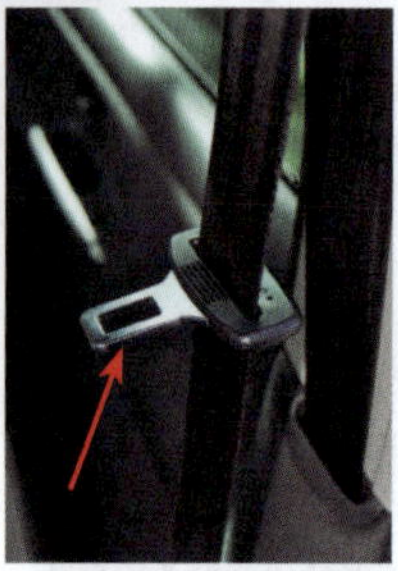

das Gurtschloss
belt buckle / seat harness buckle

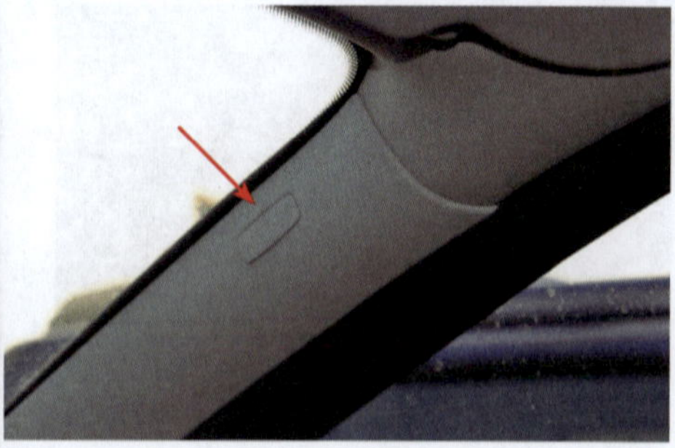

der (Fahrer- / Beifahrer- / Seiten- / Kopf-)Airbag
(driver / (front-seat) passenger / side / head) airbag

der Schalthebel für Schaltgetriebe – *ugs.* der Schaltknüppel
gearshift lever for manual transmission – coll. gearstick

der Fahrprogrammschalter
driving program switch

der Wählhebel mit Positionsschalter für Automatikgetriebe – *ugs.* die Automatik
selector lever for automatic transmission

die Ganganzeige
gear indicator

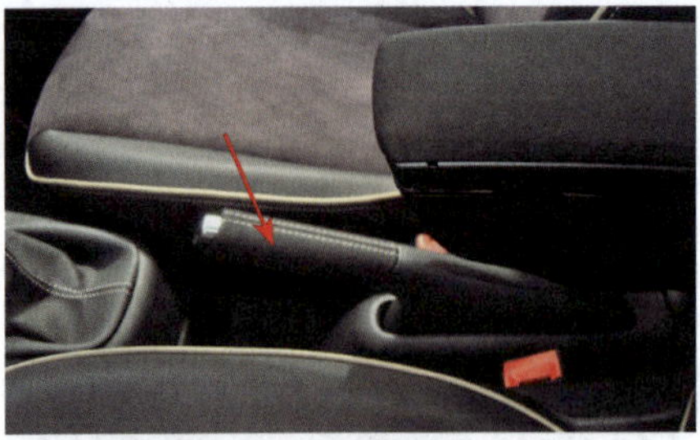

der Feststellbremshebel –
ugs. der Handbremshebel

parking brake lever – coll. hand brake lever

das Feststellbremspedal

foot-operated parking brake pedal / pedal for locking brake

die elektrische Feststellbremse –
ugs. die elektrische Parkbremse

electric(al) parking brake

der Motorhaubenentriegelungshebel –
ugs. die Motorhaubenentriegelung

bonnet release lever / hood lock release lever – coll. hood release

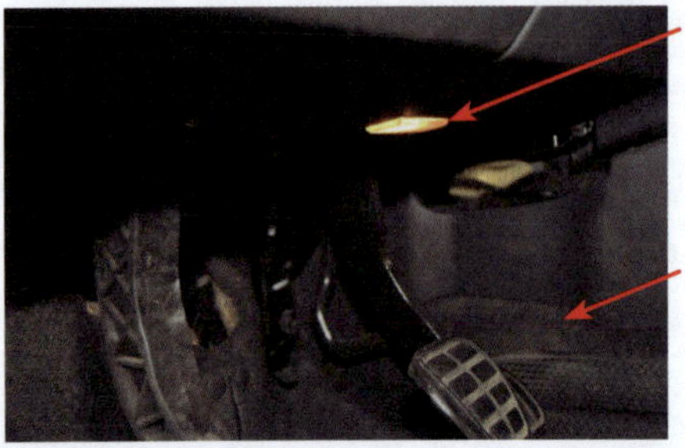

die Fußraumbeleuchtung

footwell lighting

der Fußraum

footwell / legroom

das Kupplungspedal
clutch pedal / clutch lever

das Bremspedal
(service) brake pedal

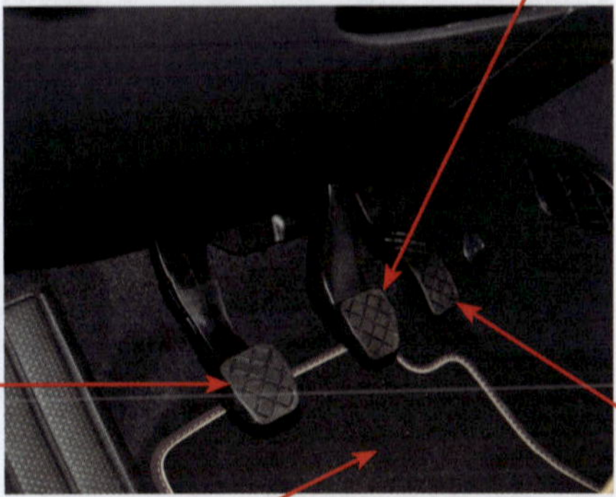

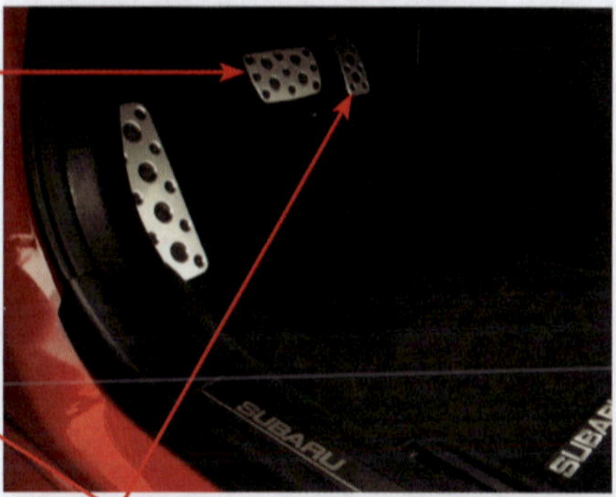

die Fußmatte
footmat

das Gaspedal
accelerator pedal / gas pedal

die Kofferraum-Fernentriegelung – *ugs.* die Kofferraumentriegelung
boot lid release – coll. boot release

die Tankklappenentriegelung – *ugs.* die Tankdeckelentriegelung
fuel filler door release – coll. filler cap release

der Anschluss für USB – *ugs.* der USB-Anschluss
USB port / universal serial bus hub

der Anschluss für AUX – *ugs.* der AUX-Anschluss
AUX port / auxiliary input

der Anschluss für SD-Karte –
ugs. der SD-Speicherkartenschacht
secure digital card hub / SD-card port – coll. SD-card-slot

das Autoradio
automobile radio / car radio

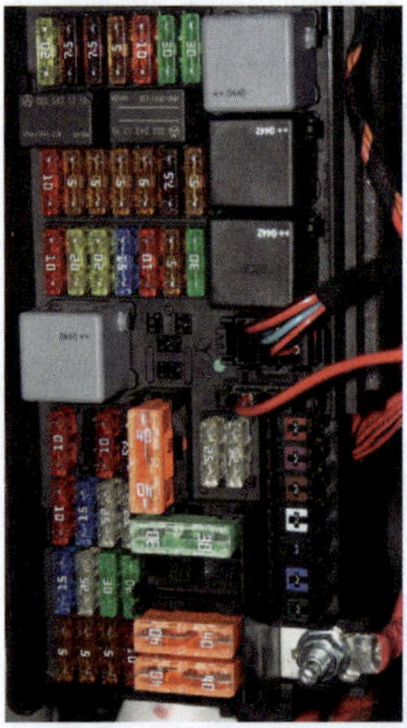

der Sicherungskasten
fuse box / fuse panel

der CD-Wechsler
CD-changer

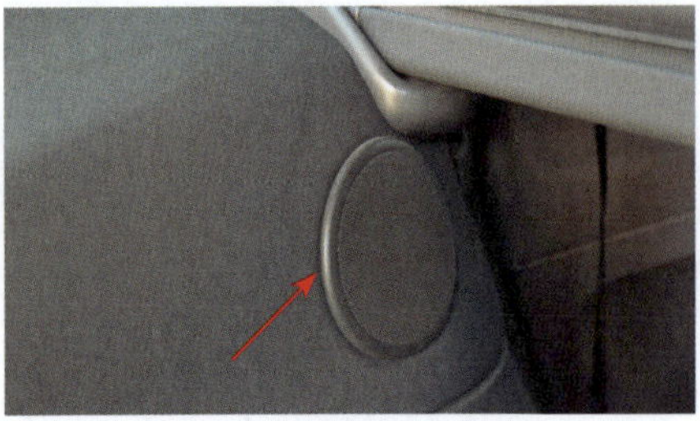

der Front- / Tür- / Heck-Lautsprecher
front / door / rear (loud)speaker

der Tiefton-Lautsprecher – *ugs.* der Tieftöner
subwoofer / low frequency unit

das Navigationssystem – *ugs.* das Navi
navigation system

die Kofferraumabdeckung
boot cover

die Kofferraumwanne
trunk liner / deck bed liner

die Kofferraumbeleuchtung
boot lamp / luggage compartment light

die Kofferraumsteckdose
boot voltage socket / trunk outlet

6

6.4 Kontrollanzeigen und Kontrolllampen – Indicator instruments and indicator lights

die Kühlmitteltemperaturanzeige – *ugs.* die Motortemperaturanzeige
engine coolant temperature gauge – coll. engine temperature gauge

die Kraftstoffvorratsanzeige – *ugs.* die Tankanzeige
fuel gauge – coll. gasoline gauge

die Motoröltemperatur-anzeige
engine oil temperature gauge

die Laufleistungsanzeige – *ugs.* der Kilometerzähler
mileage counter / mileometer – coll. odometer

die Multifunktionsanzeige – *ugs.* der Bordcomputer
multi-function / multipurpose display – coll. on-board computer

die Ladespannungsanzeige – *ugs.* die Bordspannungsanzeige
charge voltage gauge

der Geschwindigkeitsmesser – *ugs.* der / das Tachometer
speedometer / speedo – coll. tachometer

der Drehzahlmesser
rev counter / tachometer

die Ladekontrollleuchte – *ugs.* die Ladekontrolllampe
charge indicator lamp / discharge warning light

das Airbagsystem
airbag system / supplemental restraint system (SRS)

das Antiblockiersystem – *ugs. / Abk.* das ABS
anti-lock braking system / anti-skid braking system

das elektronische Stabilitätsprogramm / die Antriebsschlupfregelung – *ugs.* das ESP / das ASR
electronic stability control / electronic stability program / anti-spin regulation

der Reifenluftdruck
tyre pressure

das Reifendruckkontrollsystem
tyre pressure monitoring system

6

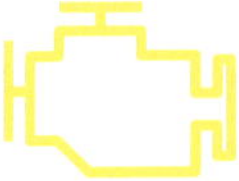

der Abgasfehler – *ugs.* die OBD- / EOBD-Lampe
emission failure

die Motorstörung
engine failure

die Gurtbenutzungserkennung – *ugs.* der Gurtwarner
seat-belt usage detection

die Kraftstoffreserve
fuel supply – coll. fuel reserve

die Lenkunterstützung – *ugs.* die Servolenkung
steering assistance – coll. power assisted steering

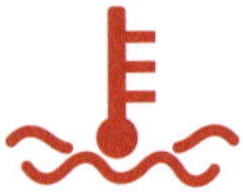

die Kühlmitteltemperatur / der Kühlmitteldruck
engine coolant heat / engine coolant pressure

der Generator – *ugs.* die Lichtmaschine
generator / alternator

der Bremsflüssigkeitsdruck / der Bremsflüssigkeitsstand
brake fluid pressure / brake fluid level

die Feststellbremse – *ugs.* die Handbremse
handbrake

der Motoröldruck – *ugs.* der Öldruck
engine oil pressure

der Motorölstand – *ugs.* der Ölstand
engine oil level

die Geschwindigkeitsregel(ungs)anlage – *ugs.* der Tempomat
cruise control (system)

die offene Tür / Heckklappe / Motorhaube
open door / tailgate / bonnet

die Fahrzeugbeleuchtung
vehicle lighting

der Scheibenwaschwasserstand
windshield washer fluid level

der Bremsbelagverschleiß
brake pad wear / brake lining wear

die Fahrtrichtungsanzeige – *ugs.* die Blinkanlage
turn indicator / direction indicator

die Anhängeransteuerung
trailer pilot control

die Nebelschlussleuchte
rear foglight / rear foglamp

das Fernlicht
high beam / main beam

die Vorglühanlage
pre-heating system

die Alarmanlage
alarm system / car alarm

die elektronische Wegfahrsicherung – *ugs.* die Wegfahrsperre
electronic (vehicle) immobiliser

die Beifahrerairbag-Deaktivierung – *ugs.* die Beifahrerairbag-Kontrolllampe
passenger airbag deactivation / de-powered passenger airbag

die Einparkhilfe – *ugs.* der Parkpilot – *Abk.* PDC
parking assist system / park distance control

das Tagesfahrlicht – *ugs.* das Tagfahrlicht – *Abk.* TFL
daytime running light – abbrev. DRL

oder

die Start-Stopp-Automatik ein / aus
start-stop system on / off

6.5 Schalter und Taster – Switches and buttons

die Zündung ein / aus – *ugs.* das Zündschloss – der Glüh-Start-Schalter
ignition on / off – glowplug starter

der Zündschlüssel
ignition key

die Instrumentenbeleuchtung
dash lamp / instrument cluster illumination

die Leuchtweitenregelung – *ugs.* der Leuchtweitenregler
headlamp levelling control – coll. light range regulator

der Motor-Startknopf
start / stop engine button

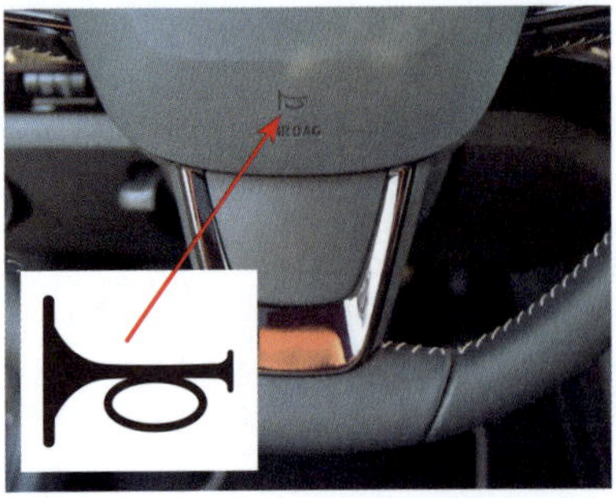

das Signalhorn – *ugs.* die Hupe
horn / hooter

der elektrisch anklappbare Außenspiegel
electrically folding exterior mirror / electrically foldable mirror

+  –

die Lautstärke einstellen
to modulate the loudness level / adjust the volume

R/T

das Telefonbuch
phone book / phone directory

die Telefonanlage bedienen
to operate the telephone system

das Programm im Audiosystem auswählen
to select the audio system program

das Hauptlicht – *ugs.* der Lichtschalter
main light / master light – coll. light switch

das Begrenzungslicht – *ugs.* das Standlicht
sidelight / parking light

das Abblendlicht
dimming light / dimmer light

der Nebelscheinwerfer
front foglight / front foglamp

der Umschalter für Fernlicht und Abblendlicht – *ugs.* der Abblendlichtschalter
dimming switch / headlight dimmer

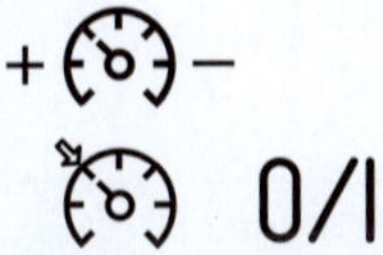

die Geschwindigkeitsregel(ungs)anlage – *ugs.* der Tempomat
cruise control system

die Lichthupe
headlamp-flasher / headlight flasher

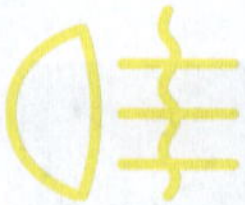

das Nebelrücklicht – *ugs.* das Nebellicht
rear foglight / rear foglamp

das Blinklicht – *ugs.* der Blinker
turn signal – coll. blinker

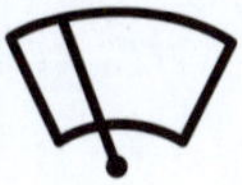

der Scheibenwischer
windscreen wiper / windshield wiper

die Frontscheibenreinigungsanlage – *ugs.* die Scheibenwaschanlage
windscreen washer (system) / windshield washer

der Heckscheibenwischer – *ugs.* der Heckwischer
rear window wiper

die Heckscheibenreinigungsanlage
rear window washer

die Multifunktionsanzeige – *ugs.* der Bordcomputer
multi-function display / multipurpose display

die Scheibenwischerverzögerung – *ugs.* der Wischintervall
wiper delay

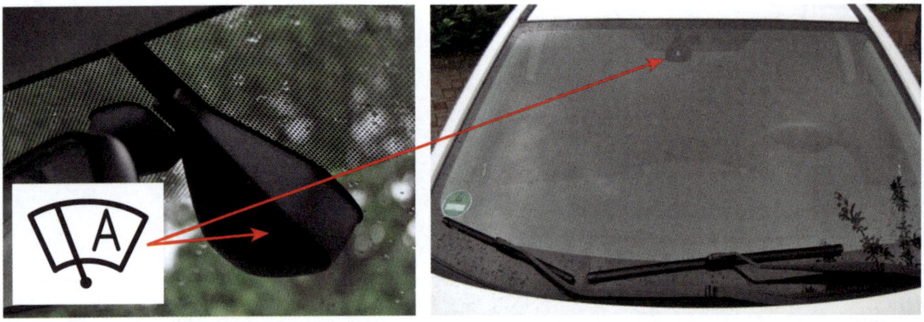

die Wischautomatik durch Regensensor
automatic wiper based on rain sensor

die Wisch- / Wasch-Automatik
automatic wash-wipe

die Spiegelheizung
mirror heating

die Heckscheibenheizung
rear window heating / rear window heater

die Frontscheibenheizung
front window heating / windscreen heater

die Sitzheizung
heated seat / seat heater

das Parklicht
parking light / side light

das elektronische Stabilitätsprogramm – *ugs.* das ESP
electronic stability control

die Einparkhilfe
parking assist system

das Warnblinklicht – *ugs.* der Warnblinker
hazard light – coll. warning blinker

der Beifahrerairbag – *ugs.* der Beifahrerairbag-Deaktivierungsschalter
passenger airbag cut off / passenger airbag deactivation

die Scheinwerferreinigung – *ugs.* die Scheinwerferreinigungsanlage
headlamp washer (system) / headlights washer

das Reifendruckkontrollsystem – *Abk.* RDKS
tire pressure monitoring system – abbrev. TPMS

das Kurvenlicht ein / aus
adaptive cornering light on / off

die Start-Stopp-Automatik ein / aus
start-stop system on / off

die Standheizung
pre-heating / independent vehicle heater

die elektrische Spiegelverstellung
electric mirror adjustment / electric mirror adjuster

der elektrische Fensterheber – *ugs.* der Fensterheber
electric window / power window

die Sicherung für hintere Fensterheber
rear window operating safety / rear power window protection

die Türentriegelung
door release

die Türverriegelung
door lock(ing)

die elektrische Sitzlängsverstellung
electric horizontal seat adjustment / electric longitudinal seat adjustment

die elektrische Sitzhöhenverstellung
electric vertical seat adjustment / electric seat height adjustment

die elektrische Sitzneigungsverstellung
electric seat inclination adjustment / electric seat tilt

die elektrische Sitzlehnenneigungsverstellung
electric backrest inclination / electric seat back adjustment

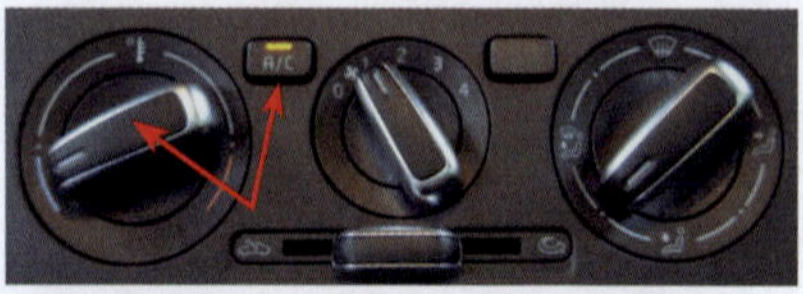

die manuelle Klimaanlage – *ugs.* die Climatic
manual air conditioner / manual air conditioning system

die automatische Klimaanlage – *ugs.* die Climatronic
automatic air conditioner /
automatic air conditioning system – coll. climate

das Klimabedienteil
air conditioning control panel

die Klimaanlage ein / aus
air conditioning on / off /
A / C on / off

die Umluft – *ugs.* der Umluftschalter
circulating air

das Lüftungsgebläse – *ugs.* der Gebläseregler
blower control unit / fan adjustment mechanism

6

6.6 Karosserie – Body

der Fahrzeuglack – z. B. der vordere Kotflügel
auto paint / car paint – e.g. front fender / front mudguard

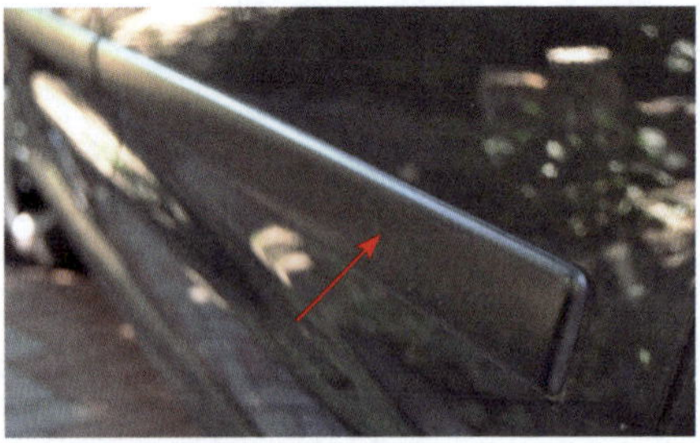

das Kunststoffteil – z. B. die Rammschutzleiste
plastic part – e.g. skirting protection

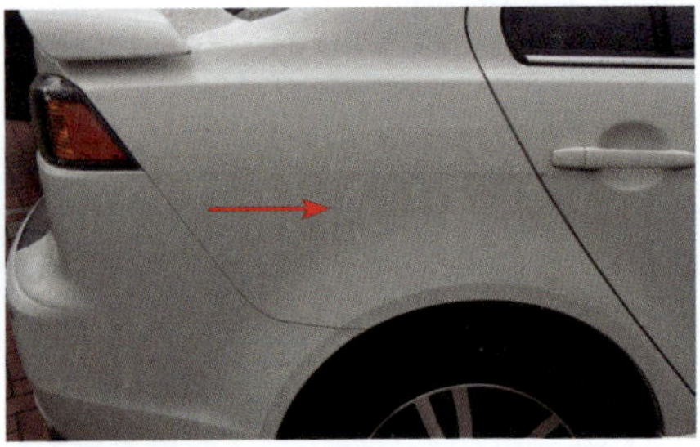

das Blech(teil) – z. B. der hintere Kotflügel
sheet metal (part) – e.g. rear fender / rear mudguard

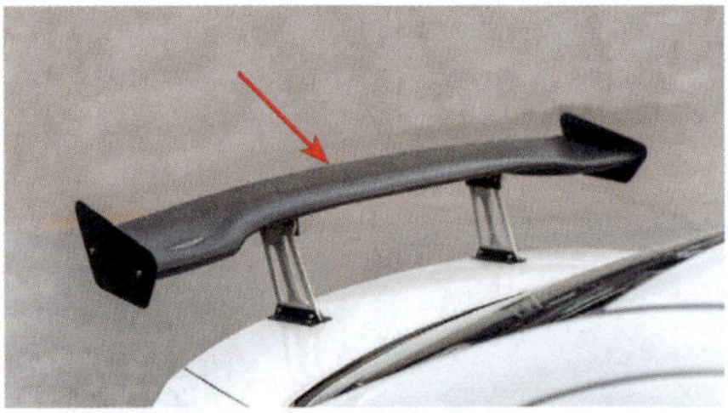

das kohlefaserverstärkte Teil – *ugs.* das Karbonteil – z. B. der Heckspoiler
carbon fibre part – e.g. rear spoiler / boot spoiler

die Fahrzeugfront
front of the vehicle

die Motorhaube
bonnet / hood

das Motorhaubenemblem
hood ornament

der Kühlergrill
radiator grill

die Frontschürze – *ugs.* der Spoiler
front spoiler

der in Wagenfarbe lackierte (vordere) Stoßfänger –
ugs. die lackierte (Front-)Stoßstange
color-matched (front) bumper

der Frontschutzbügel – *ugs.* der Bullenfänger
frontal protection system – coll. bull bar

das Motorhaubenschloss
bonnet lock / hood lock

die Motorhauben-
stütze

bonnet top stay / hood stay

die Motorhaubendämmung

hood insulator

die Frontscheibe – *ugs.* die Windschutzscheibe

windshield / windscreen

die Scheibenwaschdüse – *ugs.* die Waschdüse

washer jet

das Scheibenwischerblatt – *ugs.* das Wischerblatt

(windshield) wiper blade

der Scheibenwischerarm – *ugs.* der Wischerarm

(windshield) wiper arm

der Scheibenwischergummi – *ugs.* der Wischergummi

wiper blade element / blade rubber

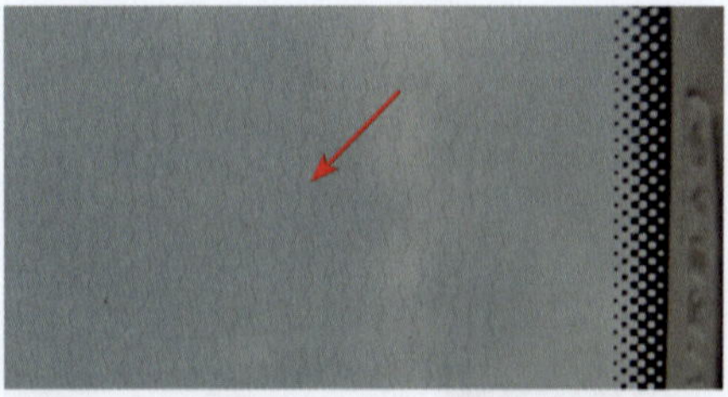

die Frontscheibenheizung –
ugs. die beheizbare Frontscheibe
front window defroster / windshield heating

die Fahrertür
driver's door

die Beifahrertür
passenger door

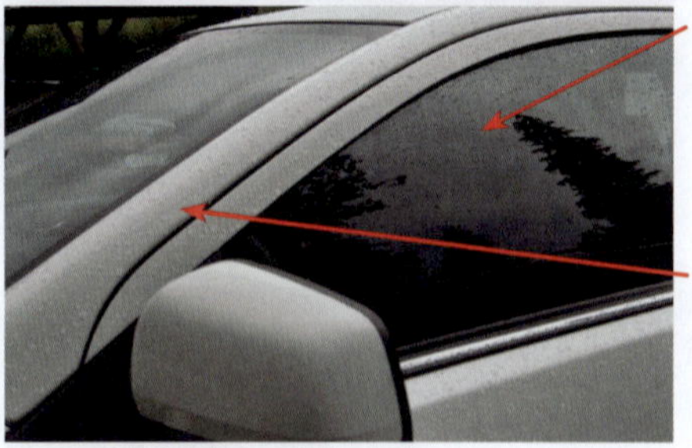

die Seitenscheibe
side window

die A-Säule
a-pillar

die Scheibendichtung – *ugs.* der Dichtgummi
weatherstrip rubber

das Ausstellfenster
quarterlight / vent window

6

die Zierleiste

trim strip / garnish moulding

der Windabweiser

wind deflector

der Rückspiegel

rearview mirror / lateral rear mirror

das Spiegelglas

mirror glass / looking glass

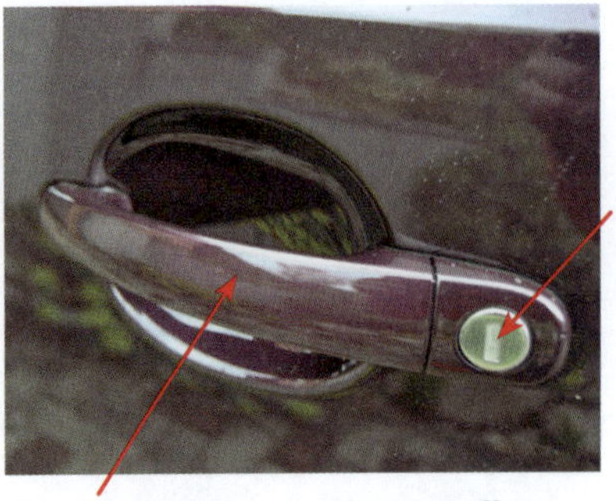

das Türschloss

door lock

der Autotürgriff – *ugs.* der Türgriff

car door handle

das Türscharnier
door hinge

die Türdichtung
door seal

der Schweller
(side) sill

die Seitenschwellerverkleidung
side skirt

die Scheiben-
antenne
window aerial

die Dachantenne
roof aerial / roof antenna

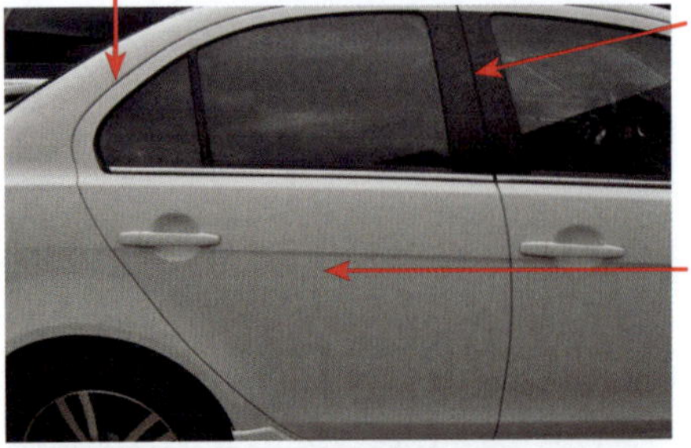

die B-Säule
b-pillar

die C-Säule
c-pillar

die Fondtür
back-seat door / rear passenger door

die Dachbox
roof box

das Autodach
car roof / car top

die Dachreling
roof rail

der Dachspoiler
roof spoiler

die abgedunkelte Scheibe –
ugs. die getönte Scheibe
tinted window

die Heckscheibenheizung
rear window defroster / rear window heating

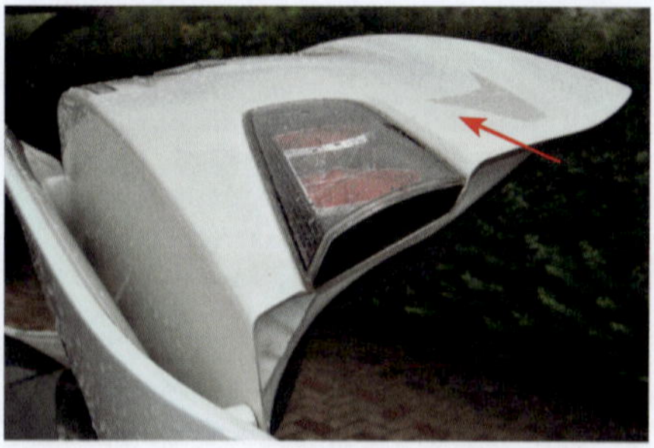

der Kofferraumdeckel – *ugs.* die Heckklappe
boot lid / boot panel

die Heckscheibe
rear window / backlight

das Fahrzeugheck
rear of the vehicle / tail end of the vehicle

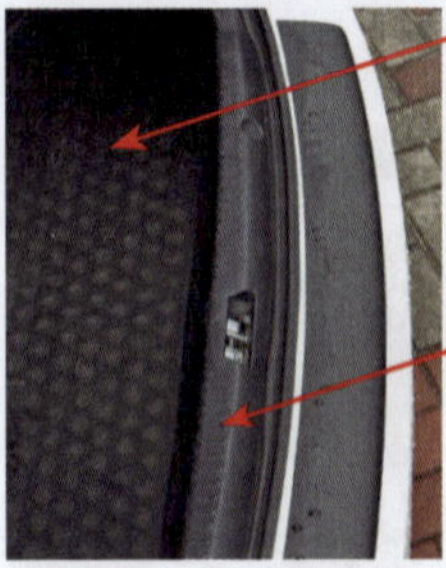

der Kofferraum
boot / luggage compartment

die Ladekante
boot sill / loading sill

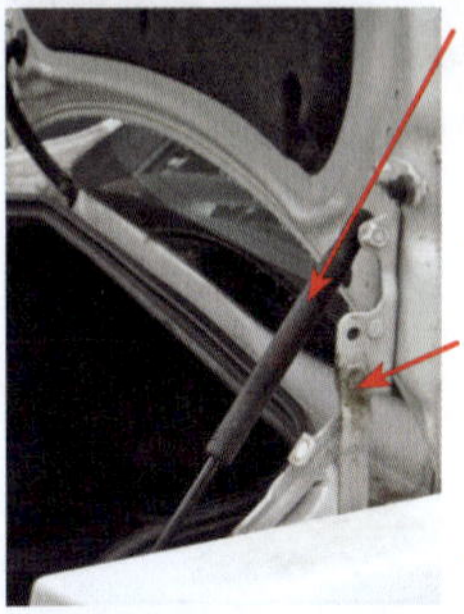

der Dämpfer
damper

das Kofferraumscharnier
boot hinge

6

das Kofferraumdeckelschloss –
ugs. das Kofferraumschloss
boot lock

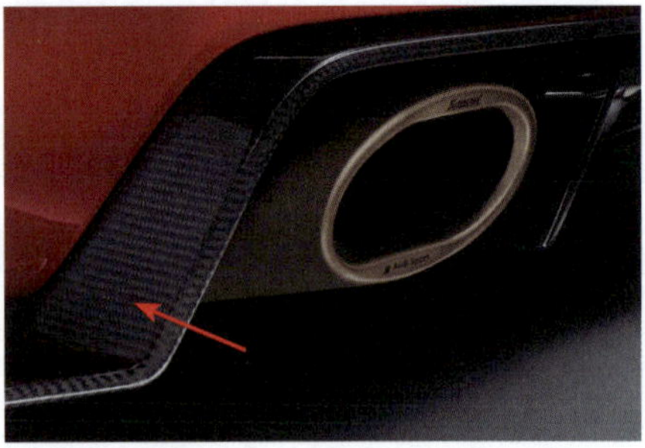

die Heckschürze
rear apron

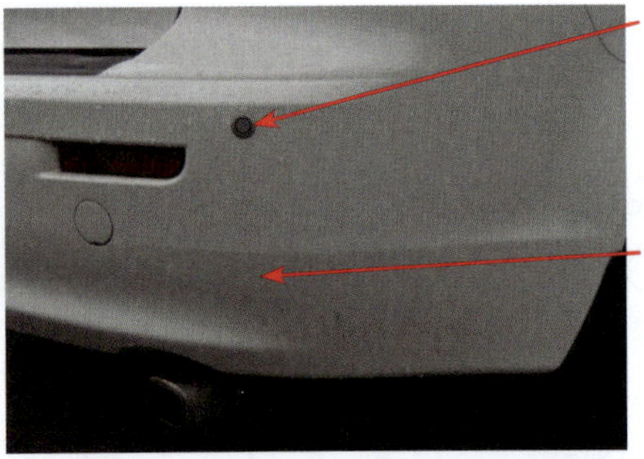

der Parksensor
parking sensor

der hintere Stoßfänger –
ugs. die Heckstoßstange
rear bumper

der Heckschutzbügel –
ugs. der Rammschutzbügel
rear protection system

der Kraftstoffeinfüllstutzen –
ugs. der Tankeinfüllstutzen
fuel filler neck – coll. tank filler neck / tank nozzle

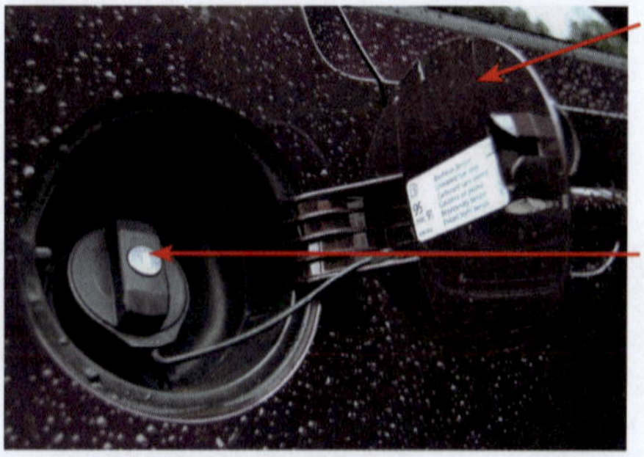

die Tankklappe
fuel filler lid / fuel filler flap

der verschließbare Tankverschluss –
ugs. der Tankdeckel
(locking) filler cap / (locking) fuel tank cap

6.7 Beleuchtungsanlage und Signalanlage – Lighting equipment and signalling equipment

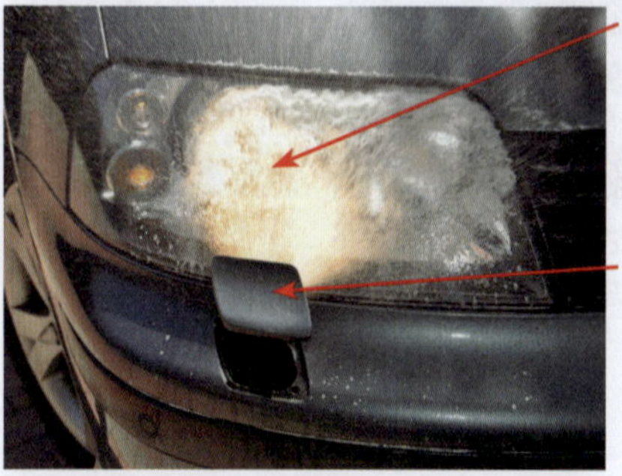

der Scheinwerfer
headlight / headlamp

die Scheinwerferreinigungsanlage –
ugs. die Scheinwerferwaschanlage
headlamp washer system / headlight washer system

das Begrenzungslicht
marker light / limiting light

das Parklicht
parking light / side light

das Tagesfahrlicht –
ugs. das Tagfahrlicht – *Abk.* TFL
daytime running light – abbrev. DRL

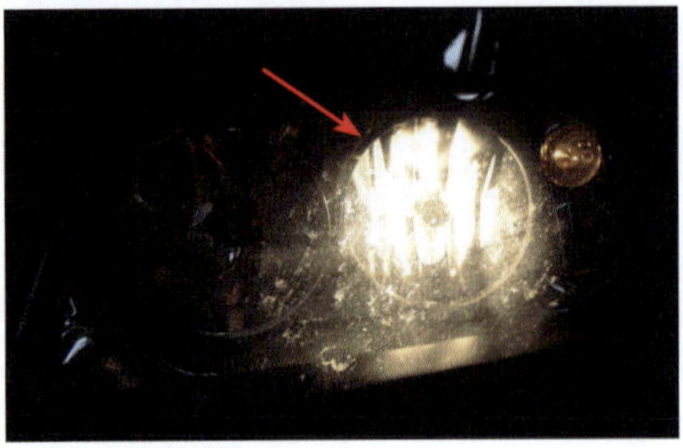

das Abblendlicht –
ugs. der Abblendscheinwerfer
lower beam / dipped beam

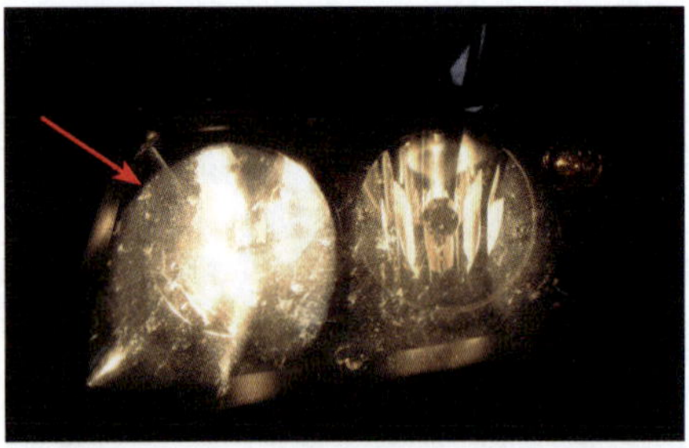

das Fernlicht – *ugs.* der Fernscheinwerfer
high beam / main beam

das vordere Blinklicht – *ugs.* der Blinker
front turn-signal light / front blinker

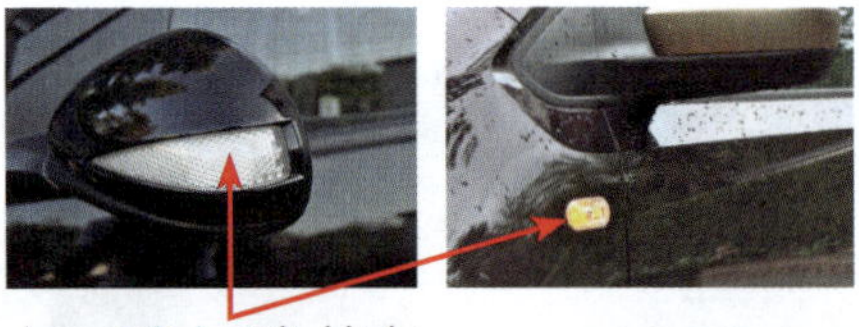

das seitliche Blinklicht –
ugs. der Seitenblinker
lateral turn-signal light / blinker

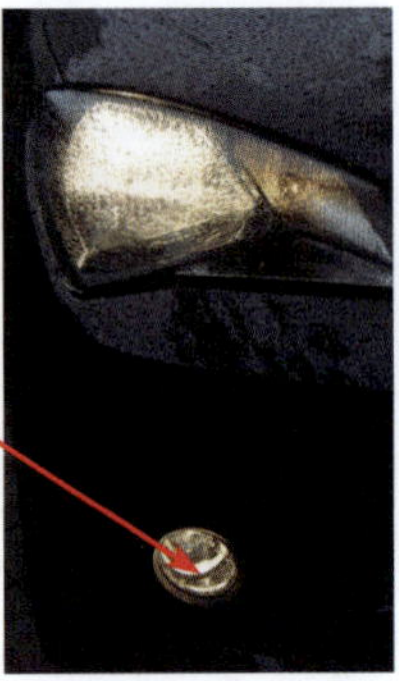

das Nebellicht –
ugs. der Nebel-
scheinwerfer
front fog light /
front foglamp

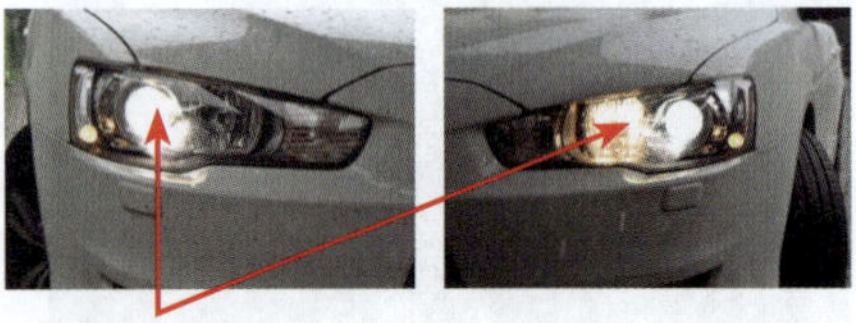

das Kurvenlicht
adaptive cornering light / adaptive front lights system

das dritte Bremslicht
third braking light / third stop light

das Kennzeichenlicht –
ugs. die Kennzeichenbeleuchtung
licence-plate lamp / number-plate lamp

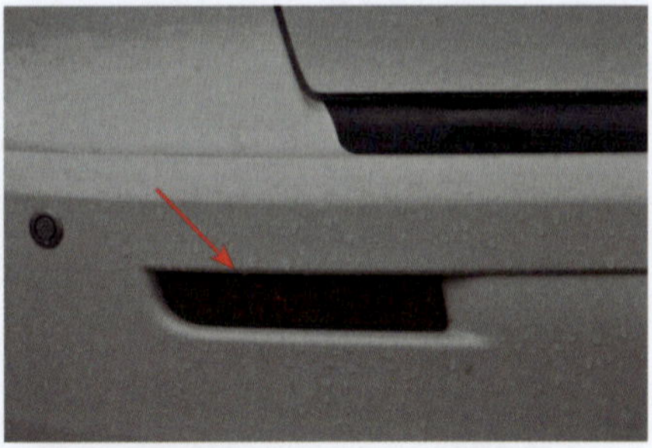

der Rückstrahler – *ugs.* das Katzenauge
rear (reflex) reflector

das Schlusslicht – *ugs.* das Rücklicht
rear light / tail light

das Rückfahrlicht –
ugs. der Rückfahrscheinwerfer
reverse light / back-up lamp

das hintere Blinklicht –
ugs. der hintere Blinker
rear turn-signal light / rear blinker

6

das Nebelschlusslicht – *ugs.* das Nebellicht
rear foglight / rear foglamp

das Bremslicht
brake light / stop lamp

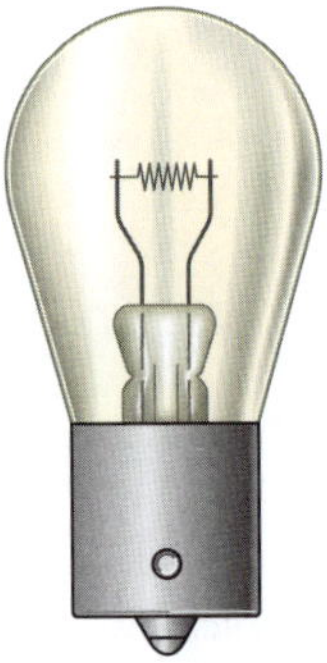

die Glühlampe –
ugs. die Glühbirne
bulb / glow-lamp

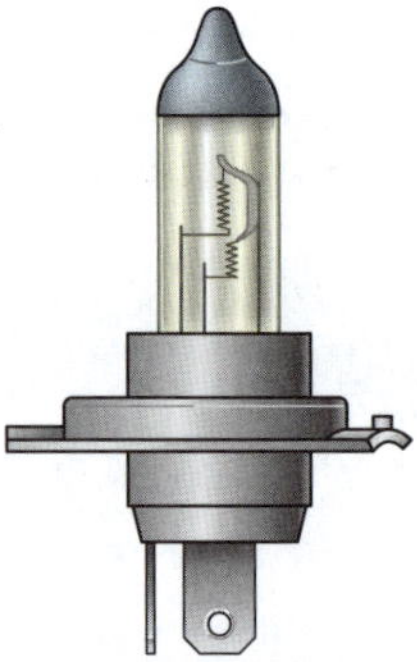

die Halogenlampe –
ugs. das Halogenlicht
halogen bulb / halogen lamp

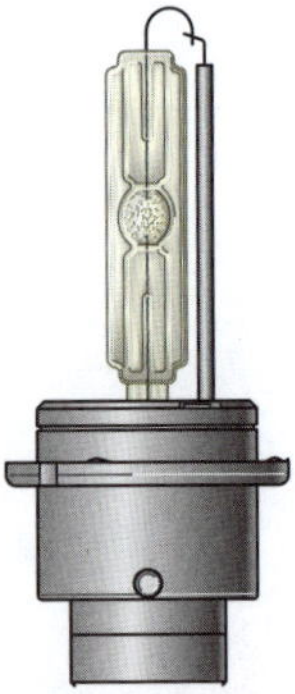

die Gasentladungslampe –
ugs. das Xenonlicht
gas discharge lamp / glow-discharge lamp – abbrev. GDL

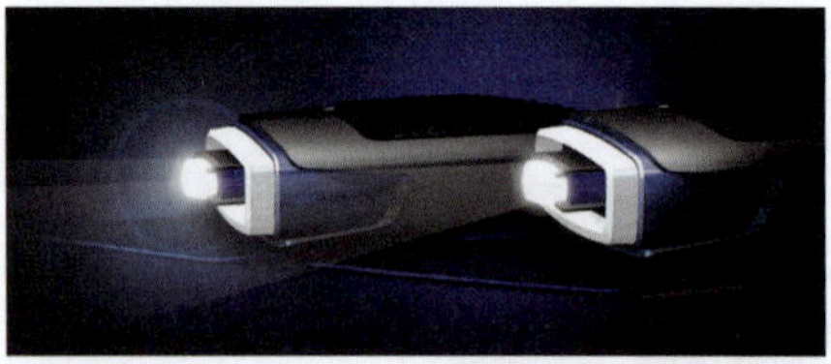

das Laserlicht
laser beam / light amplification by stimulated emission of radiation

die Leuchtdiode – *ugs.* das LED-Licht – *Abk.* LED
light-emitting diode – abbrev. LED

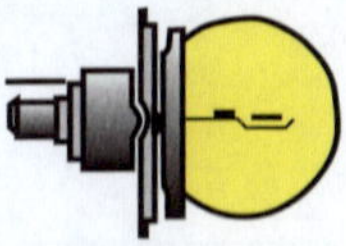

die Zweifadenlampe für Fernlicht und Abblendlicht – R2
double-filament bulb for high beam and dipped beam – R2

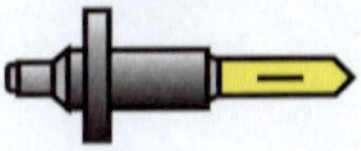

die Einfadenlampe für Nebellicht, Fernlicht oder Abblendlicht – H1
single-filament bulb for front fog lamp, high beam or dipped beam – H1

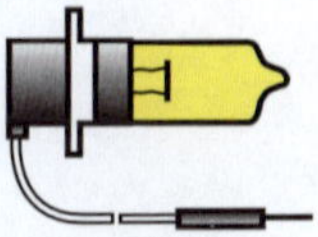

die Einfadenlampe für Nebellicht oder Fernlicht: H3
single-filament bulb for front fog lamp or high beam – H3

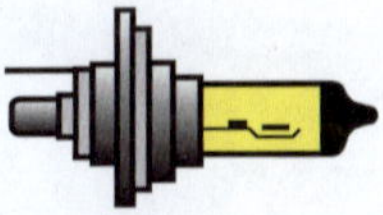

die Zweifadenlampe für Fernlicht und Abblendlicht – H4
double-filament bulb for high beam and dipped beam – H4

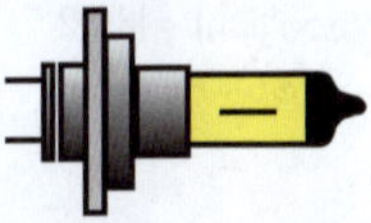

die Einfadenlampe für Fernlicht, Abblendlicht oder Nebellicht – H7
single-filament bulb for high beam, dipped beam or front fog lamp – H7

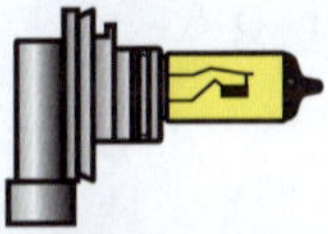

die Einfadenlampe für Nebellicht oder Abblendlicht – H8
single-filament bulb for front fog lamp or dipped beam – H8

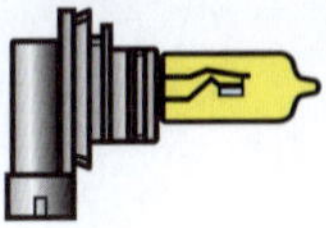

die Einfadenlampe für Fernlicht – H9
single-filament bulb for high beam – H9

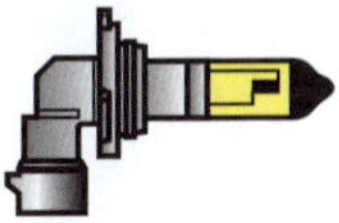

die Einfadenlampe für Nebellicht – H10
single-filament bulb for front fog lamp – H10

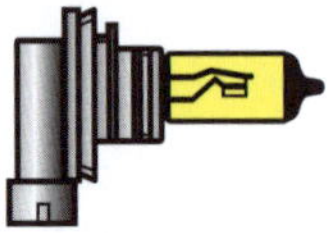

die Einfadenlampe für Abblendlicht – H11
single-filament bulb for dipped beam: H11

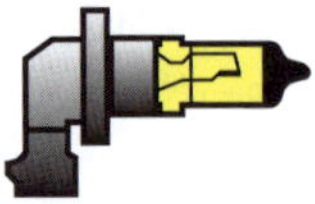

die Einfadenlampe für Fernlicht – HB3
single-filament bulb for high beam – HB3

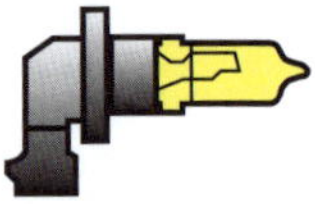

die Einfadenlampe für Abblendlicht – HB4
single-filament bulb for dipped beam – HB4

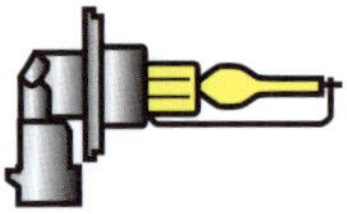

die Einfadenlampe für Fernlicht – HIR1
single-filament bulb for high beam: HIR1

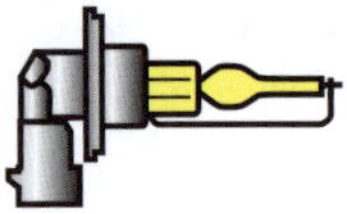

die Einfadenlampe für Fernlicht, Abblendlicht oder Nebellicht – HIR2
single-filament bulb for high beam, dipped beam or front fog lamp – HIR2

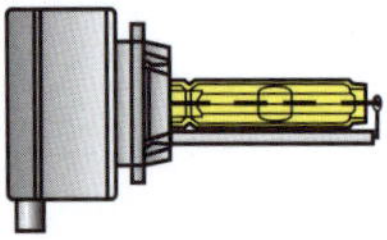

die Gasentladungslampe für Abblendlicht und Fernlicht – D1S – *ugs.* die Bi-Xenonlampe
gas discharge lamp for dipped beam and high beam – D1S

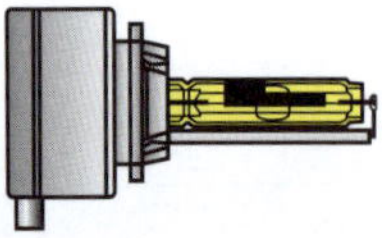

die Gasentladungslampe für Abblendlicht – D1R
gas discharge lamp for dipped beam – D1R

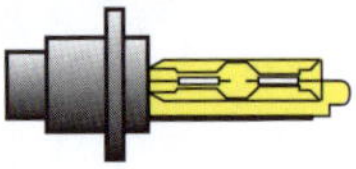

die Gasentladungslampe für Abblendlicht und Fernlicht – D2S – *ugs.* die Bi-Xenonlampe
gas discharge lamp for dipped beam and high beam – D2S

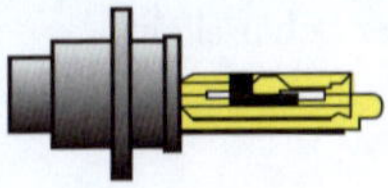

die Gasentladungslampe für Abblendlicht – D2R
gas discharge lamp for dipped beam – D2R

die Einfadenlampe für Begrenzungslicht – H6W
single-filament bulb for sidelight – H6W

die Einfadenlampe für Blinklicht – H21W
single-filament bulb for blinking light – H21W

die Einfadenlampe für Bremslicht, Blinklicht, Nebelschlusslicht oder Rückfahrlicht – P27W
single-filament bulb for stop light, blinking light, rear fog light or reversing light – P27W

die Einfadenlampe für Bremslicht, Blinklicht, Nebelschlusslicht oder Rückfahrlicht – weiß P21W, gelb PY21W
single-filament bulb for stop light, blinking light, rear fog light or reversing light – white P21W, yellow PY21W

die Zweifadenlampe für Bremslicht und Schlusslicht – weiß P21 / 5W, gelb PY21 / 5W
double-filament bulb for stop light and taillight – white P21 / 5W, yellow PY21 / 5W

die Zweifadenlampe für Bremslicht und Schlusslicht – P27 / 7W
yellow double-filament bulb for stop light and taillight – P27 / 7W

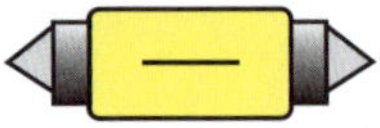

die Einfadenlampe für Kennzeichenbeleuchtung oder Schlusslicht – C5W – *ugs.* die Soffittenlampe
single-filament bulb for number plate lamp or taillight – C5W

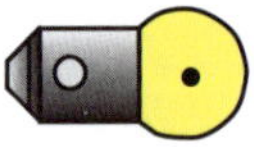

die Einfadenlampe für Begrenzungslicht oder Schlusslicht – R5W, R10W
single-filament bulb for sidelight or taillight – R5W, R10W

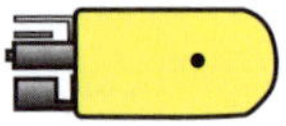

die Einfadenlampe für Begrenzungslicht oder Kennzeichenbeleuchtung – W3W, W5W
single-filament bulb for sidelight or number plate lamp – W3W, W5W

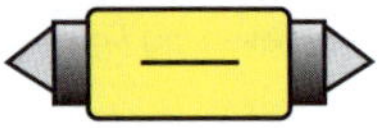

die Einfadenlampe für Rückfahrlicht – C21W – *ugs.* die Soffittenlampe
single-filament bulb for reversing light – C21W

die Einfadenlampe für Begrenzungslicht – T4W
single-filament bulb for sidelight – T4W

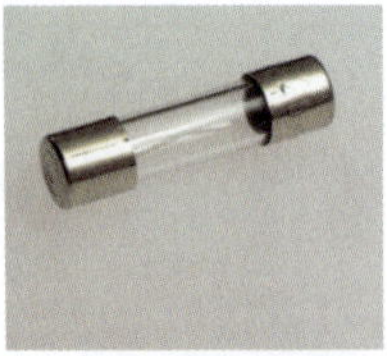

die Glassicherung – 500mA, 1A, 2A, 3A, 4A, 5A, 6A, 7,5A, 8A, 10A, 15A, 20A, 25A, 30A, 35A
glass fuse – 500milliamp, 1amp, 2 amp, 3amp, 4amp, 5amp, 6amp, 7,5amp, 8amp, 10amp, 15amp, 20amp, 25amp, 30amp, 35amp

die Torpedosicherung – *ugs.* die ATS-Sicherung / BOSCH-Sicherung – 5A, 8A, 10A, 16A, 25A
torpedo type fuse – 5amp, 8amp, 10amp, 16amp, 25amp

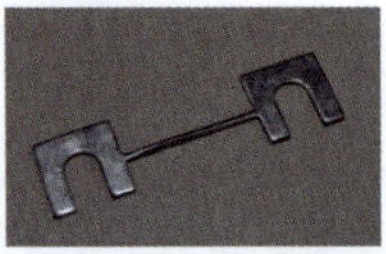

die Streifensicherung – 30A, 40A, 50A, 60A, 80A, 100A
strip type fuse – 30amp, 40amp, 50amp, 60amp, 80amp, 100amp

die Mega-Streifensicherung – 100A, 125A, 150A, 175A, 200A, 225A, 250A, 300A, 400A, 500A – *ugs.* die Hochleistungssicherung

mega strip type fuse – 100amp, 125amp, 150amp, 175amp, 200amp, 225amp, 250amp, 300amp, 400amp, 500amp

die Power-Streifensicherung – 400-1000A (CAL1), 400-1200A (CAL2), 500-1200A (CAL3), 600-1200A (CAL4), 700-1200A (CAL5)

power strip type fuse – 400-1000A (grey), 400-1200A (black), 500-1200A (red), 600-1200A (brown or white), 700-1200A (wheat grey)

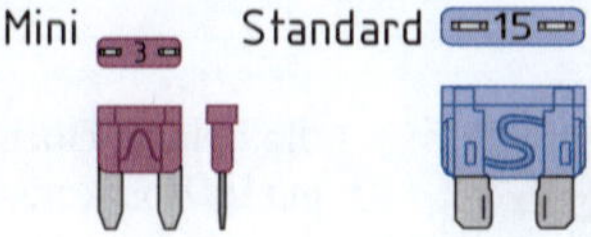

die Mini-Flachstecksicherung – 1A, 2A, 3A, 4A, 5A, 7,5A, 10A, 15A, 20A, 25A, 30A, 35A, 40A

mini blade type fuse / type „F" fuse – 1amp, 2amp, 3amp, 4amp, 5amp, 7,5amp, 10amp, 15amp, 20amp, 25amp, 30amp, 35amp, 40amp

die Standard-Flachstecksicherung

standard blade type fuse / type "C" fuse

die Mini-Flachstecksicherung mit LED-Indikator

mini blade type fuse with LED indicator

die Standard-Flachstecksicherung mit LED-Indikator

standard blade type fuse with LED indicator

die Super-Mini-Flachstecksicherung mit oder ohne LED-Indikator

super mini blade type fuse with or without LED indicator

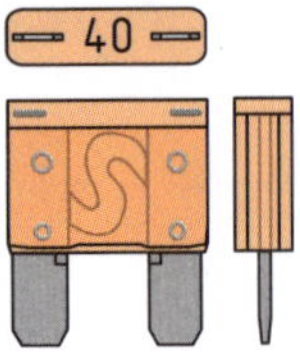

die Maxi-Flachstecksicherung – 20A, 30A, 40A, 50A, 60A, 70A, 80A, 100A

maxi blade type fuse / type „E" fuse – 20amp, 30amp, 40amp, 50amp, 60amp, 70amp, 80amp, 100amp

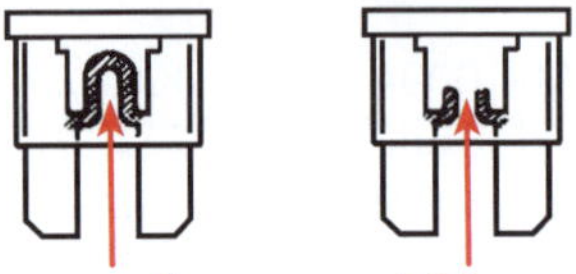

intakt

in working order / intact

defekt

faulty

die defekte Sicherung

faulty fuse

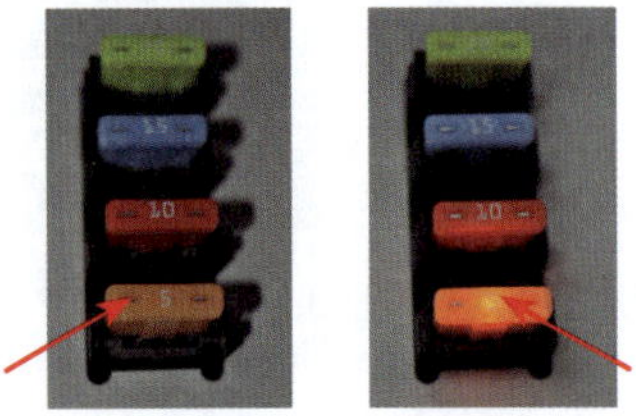

intakt

in working order / intact

defekt

faulty

die defekte Flachstecksicherung mit LED-Indikator

faulty blade type fuse with LED indicator

das Relais – 10-20A braun, 20A schwarz, 30A rot, gelb oder blau, 50A schwarz

relay – 10-20amp brown, 20amp black, 30amp red, yellow or blue, 50amp black

der Kabelbaum

wiring harness / cable bundle

der Kabelbinder
cable tie / cable fixer

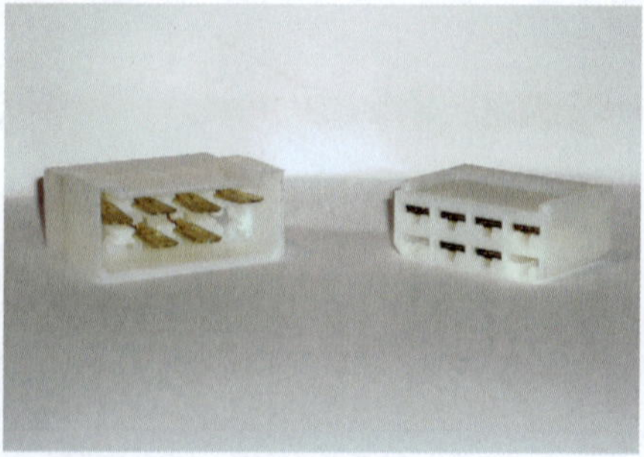

der elektrische Steckanschluss
electrical push-on connection

das verdrillte Kabel
twisted pair / twisted cable

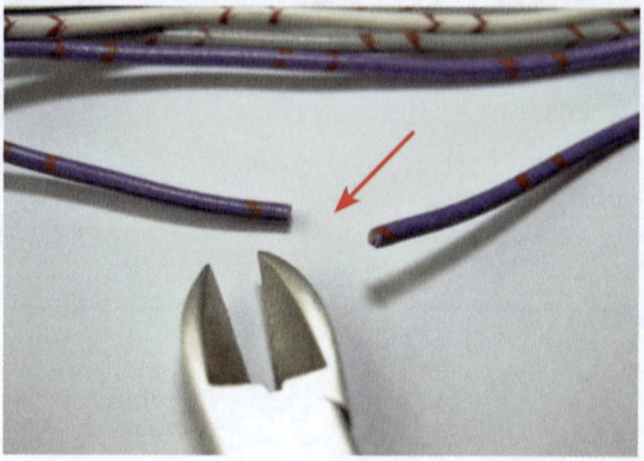

das gekappte Kabel
cut-off cable

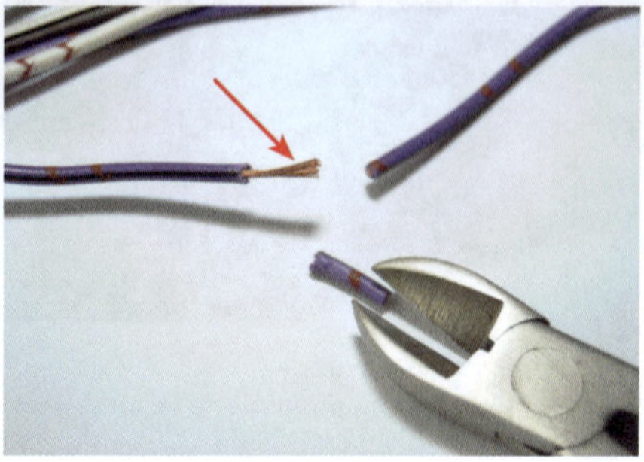

das abisolierte Kabel
stripped cable / bare cable

das verzinnte Kabel
tin-plated cable / tinned cable

6

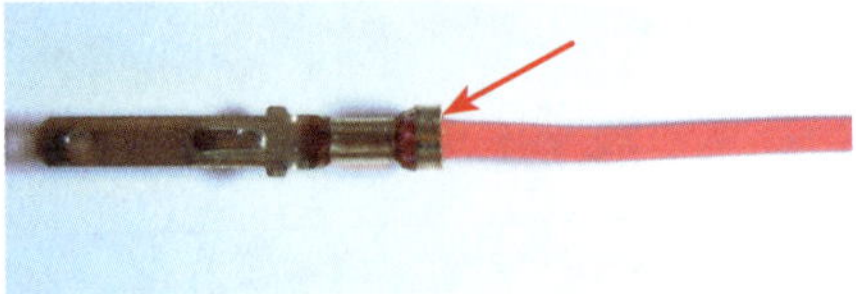

der Crimp
crimp

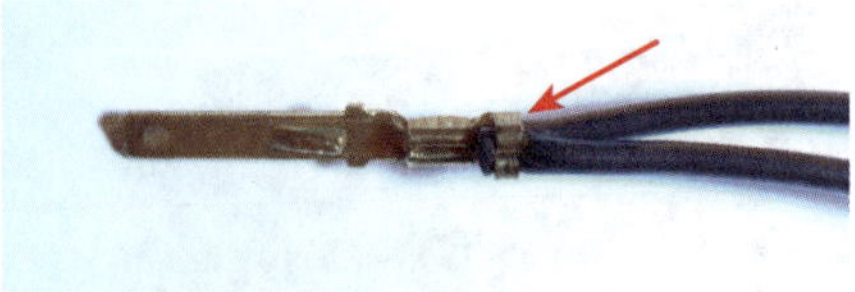

der Doppelcrimp
double crimp

der Kabelschuh
cable shoe / cable lug

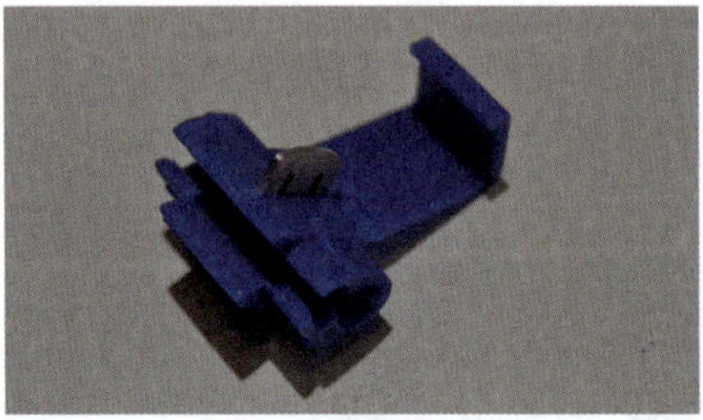

der Abzweig-Klemmverbinder –
ugs. der Stromdieb
wire-tap terminal / wire-tap connector

6.8 Motorraum – Engine compartment

die Fahrzeugbatterie /
der (den) Akkumulator – *ugs.* der (den) Akku
anklemmen – abklemmen – ausbauen
to collect – to disconnect – to remove
vehicle battery / car battery

der Drehstromgenerator –
ugs. die Lichtmaschine
three-phase alternator / rotary current generator

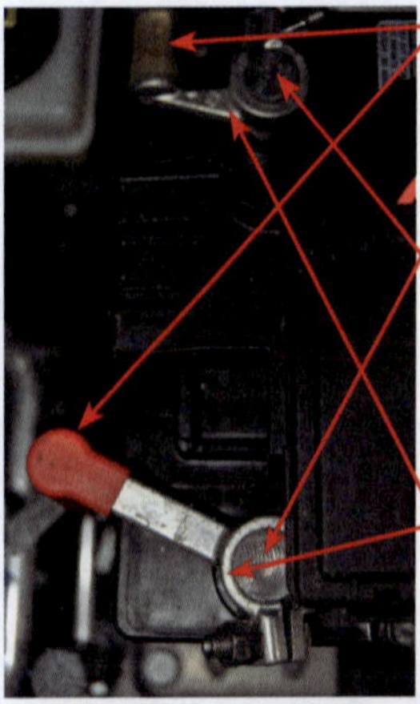

das Batteriekabel
battery cable

der Minuspol
minus pole / negative terminal

der Pluspol
positive pole / positive terminal

die Batterieklemme
battery-cable terminal / battery clip

der Starter – *ugs.* der Anlasser
starter (motor)

den Motor starten
to start the engine

die Motorabdeckung
acoustic engine cover / motor cover

das Schwungrad
flywheel

die Steuerkettenabdeckung
timing chain cover / camshaft chain cover

die Steuerkette
timing chain / camshaft drive chain

6

der (den) Zahnriemen spannen – entspannen
to tighten – to slacken timing belt / toothed belt

das Zahnriemenrad
timing belt wheel / toothed belt wheel

der Keilrippenriemen – *ugs.* der Keilriemen
V-ribbed belt / front end alternator drive belt

die Keilrippenriemenscheibe
V-ribbed belt pulley

die Motorlagerung – *ugs.* das Motorlager
(rubber-to-metal component) engine mount – e.g. engine bracket

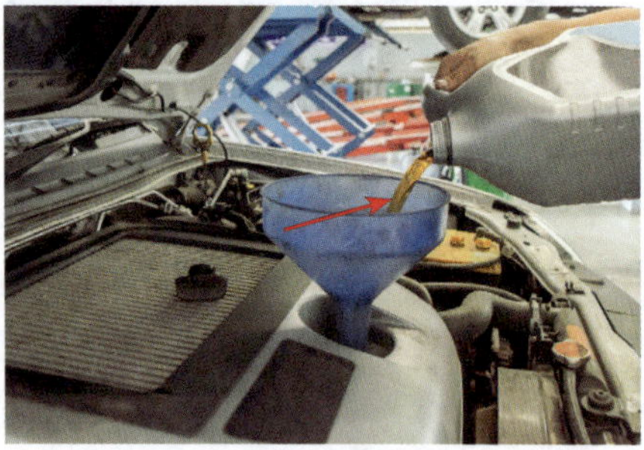

das Motoröl
engine oil / motor oil

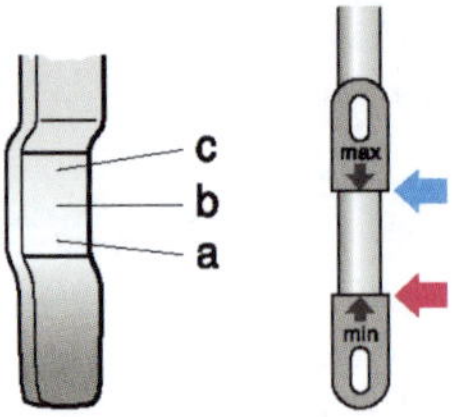

der Ölstand
oil level / oil gauge

den Ölstand prüfen
to check the oil level

der Ölmessstab – *ugs.* der Ölpeilstab
oil dipstick / oil level gauge

der / das Wechsel-Ölfilter – *ugs.* der / das Ölfilter
oil filter

der Öleinfülldeckel – *ugs.* der Öldeckel
oil filler cap

der Öleinfüllstutzen
oil filler neck / oil filling pipe

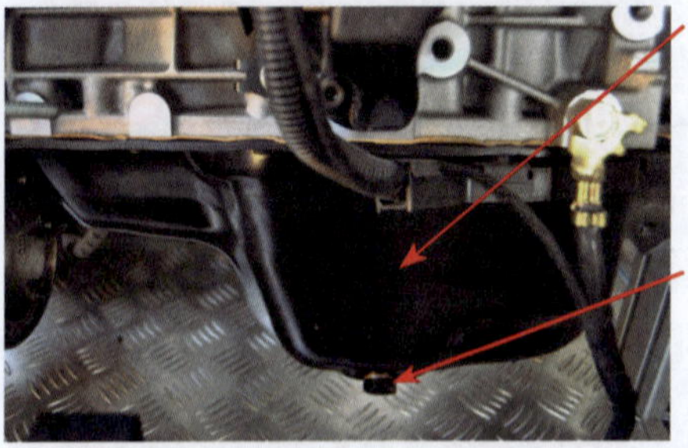

die Ölwanne
oil sump / oil pan

die Ölablassschraube
oil drain plug / oil drain screw

die Öldruckpumpe – *ugs.* die Ölpumpe
z. B. die Zahnradpumpe
oil pump – e.g. gear pump

die Kühlflüssigkeit – *ugs.* das Kühlwasser / Kühlmittel
(engine) coolant

der / das Kühlmittelfilter
coolant filter

der Kühlerverschlussdeckel – *ugs.* der Kühlerdeckel
radiator filler cap

der Kühlmittelschlauch – *ugs.* der Kühlwasserschlauch
radiator hose / coolant hose

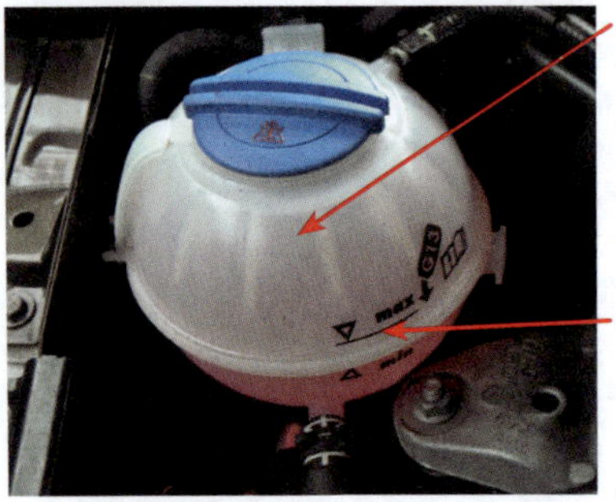

der Kühlmittelausgleichbehälter –
ugs. der obere Wasserkasten
coolant compensation reservoir / coolant expansion tank

der (den) Kühlmittelstand prüfen
to check radiator water level / coolant level

die Schlauchschelle –
ugs. das Schlauchband
hose clamp / hose clip

der / das Thermostat
cooling water thermostat / temperature regulator

die mechanische Kühlmittelpumpe –
ugs. die Wasserpumpe
mechanical coolant(-circulating) pump

die elektrische Kühlmittelpumpe –
ugs. die Wasserpumpe
electric coolant(-circulating) pump

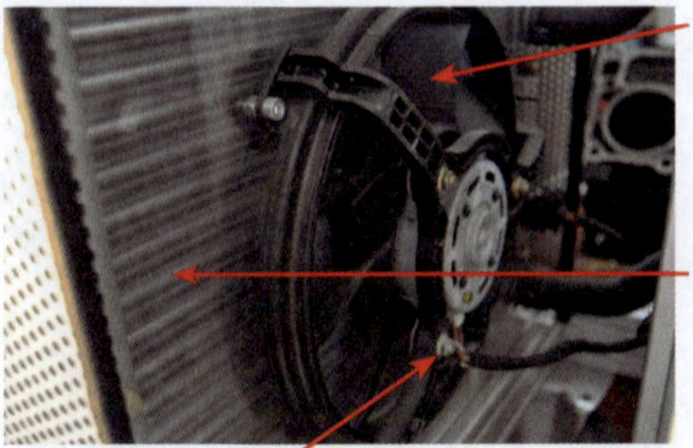

der Kühlerlüfter
cooling fan / radiator fan

der Motorkühler
(coolant) radiator

der Kühlmitteltemperaturschalter – *ugs.* der Thermoschalter
coolant temperature switch / thermo time switch

das Ansaugluft-Filtergehäuse – *ugs.* der Luftfilterkasten
intake air-filter housing – coll. air filter box

der Ansaugluft-Filtereinsatz –
ugs. der / das Luftfilter
intake air-filter element

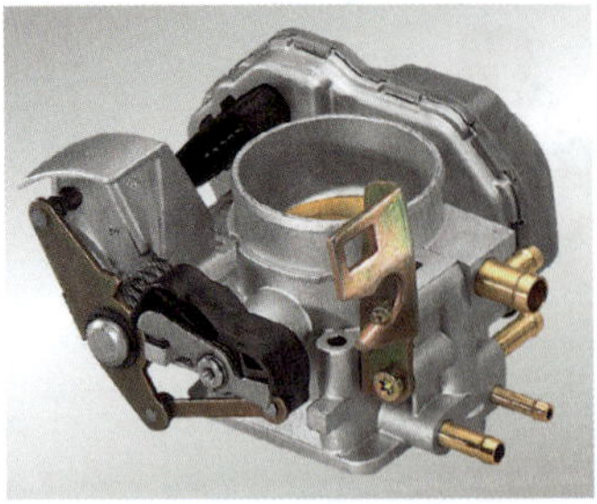

die Ottomotor-Drosselklappeneinheit –
ugs. die Drosselklappe
otto engine throttle valve assembly / otto throttle butterfly – coll. throttle valve

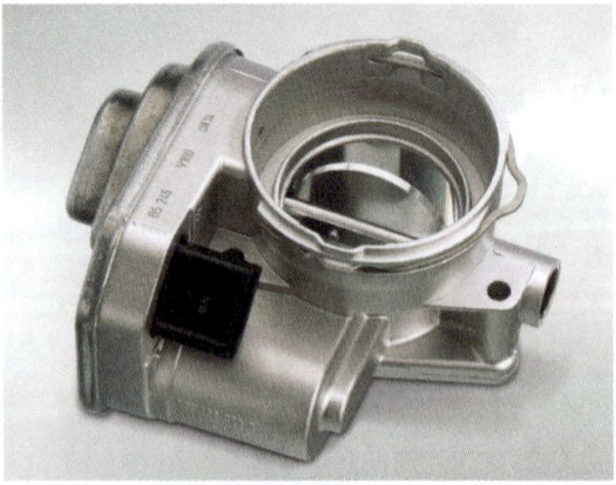

die Diesel-Regelklappe –
ugs. die Dieselklappe
diesel engine butterfly valve

der Luftmassensensor –
ugs. der Luftmassenmesser
mass air flow sensor – coll. air flow meter – abbrev. MAF

die Zündkerze
spark plug / ignition plug

das Zündmodul
ignition module

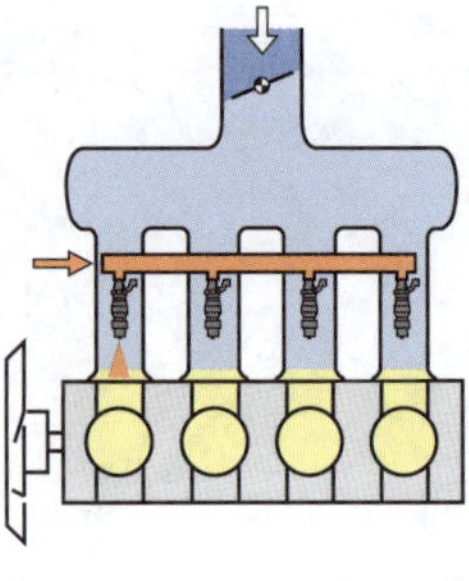

die (indirekte) Mehrpunkteinspritzung
(indirect) multi-point injection – abbrev. MPI

die Benzin-Direkteinspritzung
gasoline direct injection – abbrev. GDI

das Kraftstoff-Einspritzventil –
ugs. das Einspritzventil
fuel injector / petrol injector

die Kraftstoff-Einspritzleitung –
ugs. die Einspritzleitung
fuel-injection tubing / fuel injection line

der / das Kraftstoff-Feinfilter –
ugs. der / das Kraftstofffilter
(exchangeable) fuel fine filter – coll. fuel filter

die Common-Rail-Dieseleinspritzung –
Abk. CR
common rail diesel injection – abbrev. CRDI

die Diesel-Hochdruckpumpe –
ugs. die Hochdruckpumpe
high-pressure pump – abbrev. HPP

der Common-Rail-Injektor – *ugs.* die Einspritzdüse

common rail injector

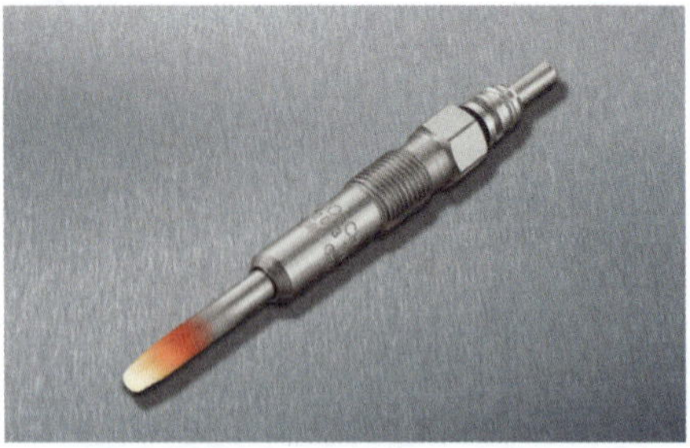

die Glühstiftkerze – *ugs.* die Glühkerze

sheathed-element glow plug / pencil-type glow plug – abbrev. heater plug

die Scheibenwaschflüssigkeit – *ugs.* das Waschwasser

windshield washer fluid / windshield wiper fluid – coll. washing water

der Scheibenwaschflüssigkeits-Vorratsbehälter – *ugs.* der Waschwasserbehälter

windshield washer (reservoir) tank – coll. windshield washer bottle

der Abgaskrümmer – *ugs.* der Krümmer

exhaust manifold / exhaust collector

der Abgasturbolader – *ugs.* der Turbolader

exhaust gas turbocharger

die Bremsflüssigkeit wechseln
to change brake fluid

der Bremsflüssigkeits-Ausgleichbehälter
brake fluid reservoir

der Bremskraftverstärker – *Abk.* BKV
brake booster / brake servo

die Kupplung
clutch / coupling

die Membranfederkupplung
diaphragm spring clutch

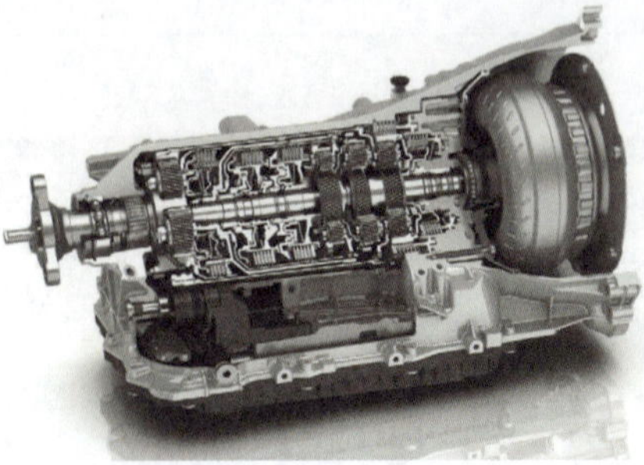

das Automatikgetriebe
automatic gearbox / automatic transmission

6.9 Unterboden, Fahrwerk – Underbody, undercarriage, chassis

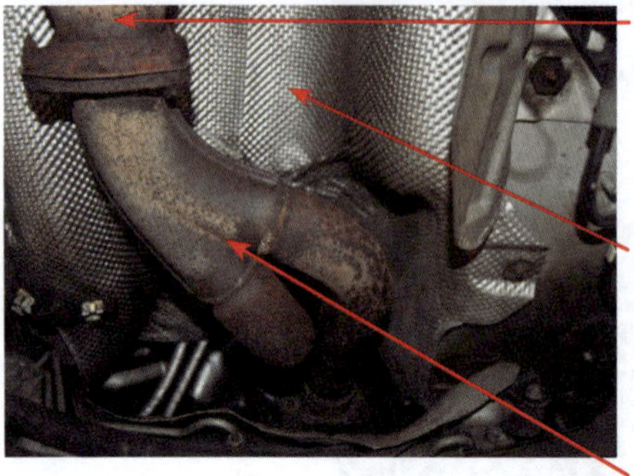

das Abgasrohr – *ugs.* das Auspuffrohr
exhaust (gas) pipe

das Hitzeschutzblech – *ugs.* das Hitzeblech
warm air deflector plate / heat protection plate

das Hosenrohr
two-way diverter pipe / y-pipe

die Abgasanlagenaufhängung
exhaust system hanger

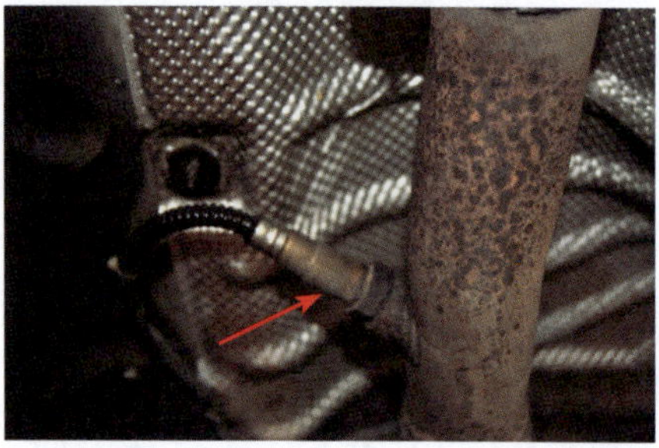

die Lambda-Sonde
lambda probe / (exhaust gas) oxygen sensor – abbrev. OXS

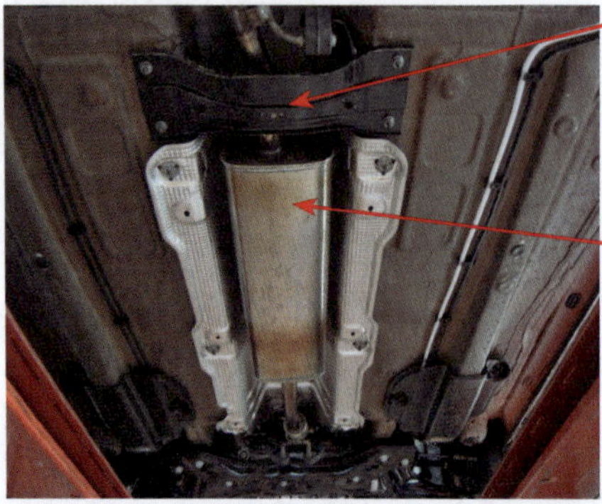

die Tunnelbrücke
tunnel bridge

der Mittelschalldämpfer
center silencer / center muffler

der Endschalldämpfer –
ugs. der Nachschalldämpfer
exhaust silencer / exhaust muffler – coll. rear muffler

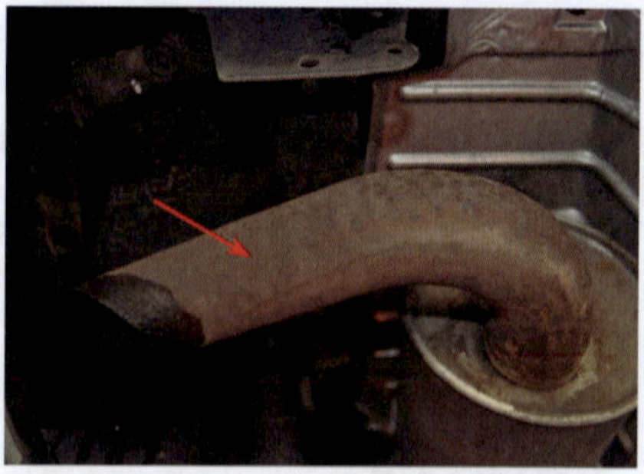

das Abgasendrohr – *ugs.* das Endrohr
tail pipe / muffler tip

die Auspuffblende
exhaust embellisher

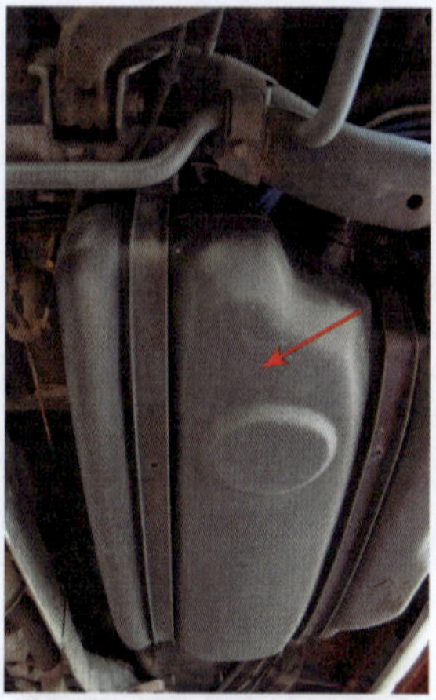

der Kraftstoff-(Haupt)behälter –
ugs. der Kraftstofftank
main fuel tank

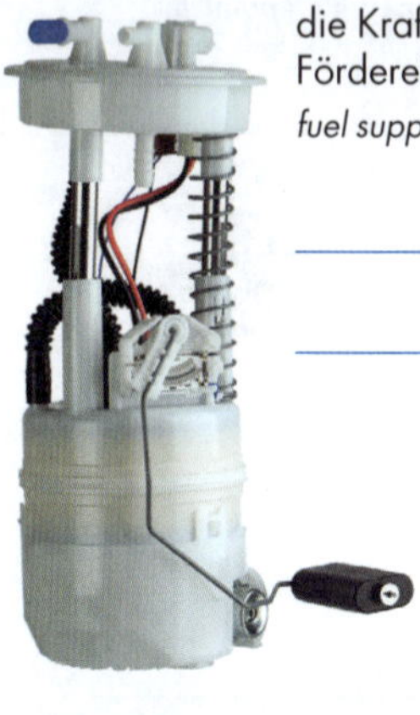

die Kraftstoff-Fördereinheit
fuel supply module

die Kraftstoff-Förderleitung
fuel supply line

der / das Kraftstoff-Hauptfilter
main fuel filter

6

die Radaufhängung
wheel suspension

der Lenker
suspension arm / control arm

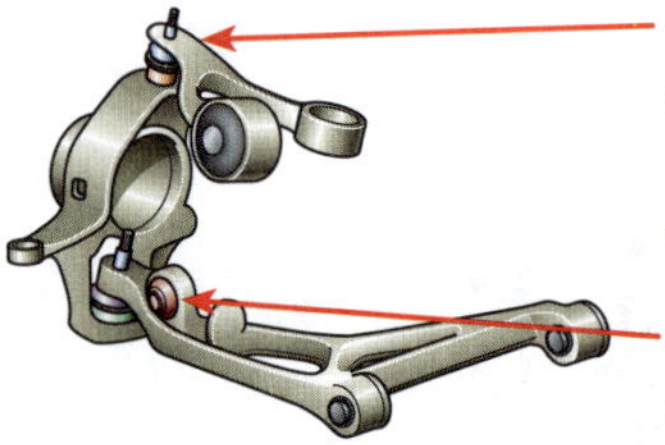

der Führungslenker – *ugs.* die Spurstange
guiding arm – coll. track rod

der Traglenker
supporting arm

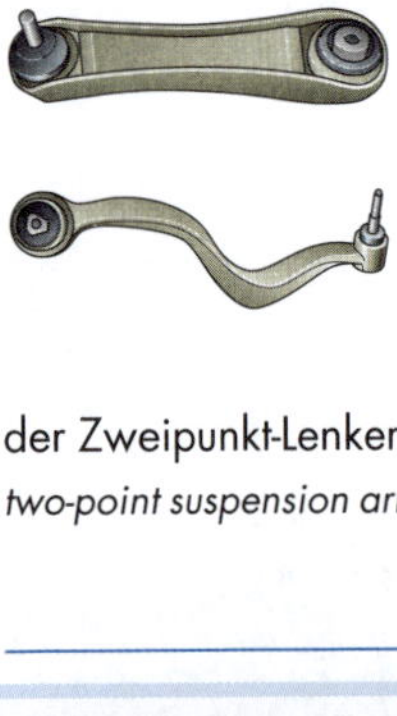

der Zweipunkt-Lenker
two-point suspension arm / 2-point link

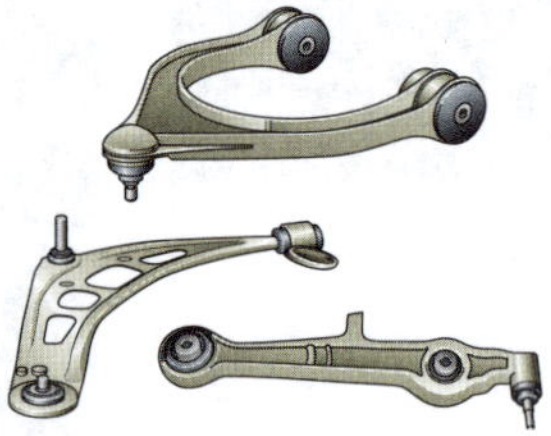

der Dreipunkt-Lenker
three-point suspension arm / 3-point link

das Kugelgelenk
ball joint

die Pendelstütze
connecting rod / stabilizer link

die Längslenkerachse (Einzelradaufhängung)
trailing link axle (independent suspension)

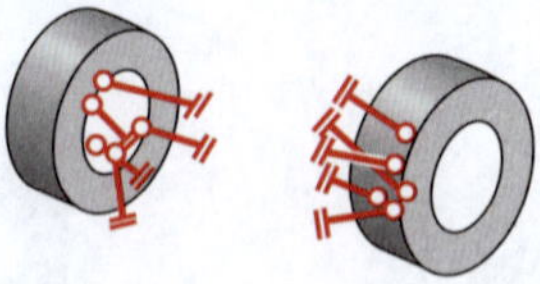

die Mehrlenkerachse (Einzelradaufhängung)
multi-link axle (independent suspension)

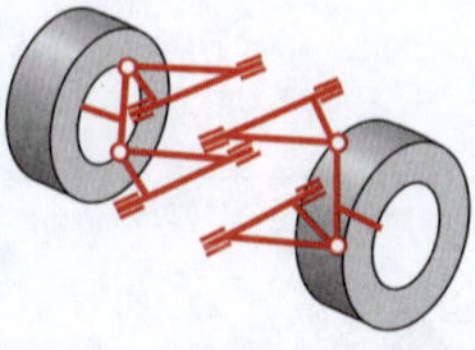

die Doppelquerlenkerachse (Einzelradaufhängung)
double-wishbone axle (independent suspension)

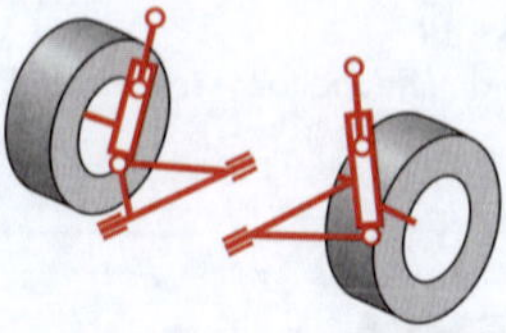

das McPherson-Federbein – die McPherson-Achse (Einzelradaufhängung)
McPherson strut – McPherson suspension (independent suspension)

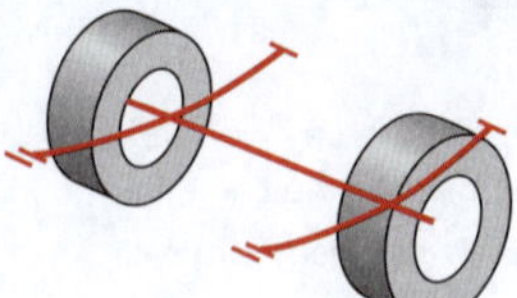

die Starrachse mit Blattfeder
rigid axle / beam axle with leaf spring

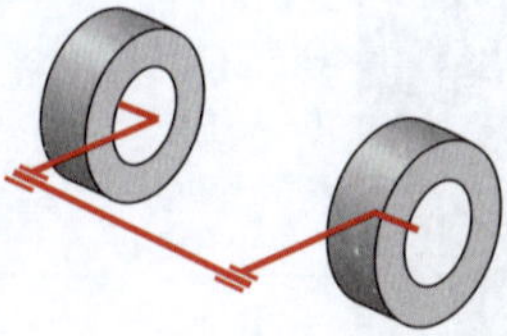

die Verbundlenkerachse (Halbstarrachse)
torsion beam axle (semi-rigid axle)

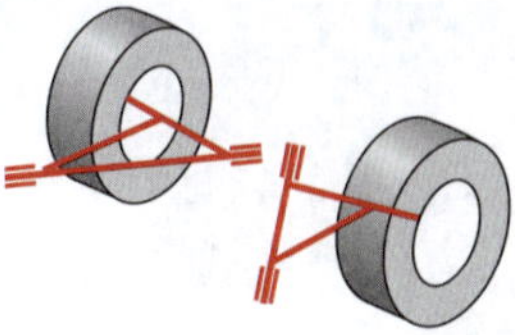

die Schräglenkerachse (Einzelradaufhängung)
semi-trailing arm axle (independent suspension)

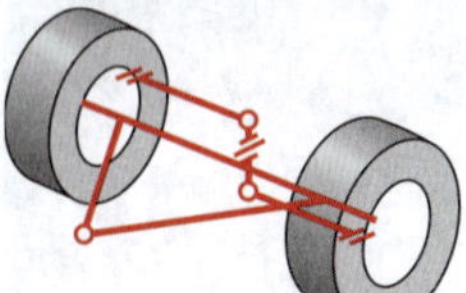

die Deichselachse mit Wattgestänge (Starrachse)
drawbar axle with watt linkage (rigid axle)

6

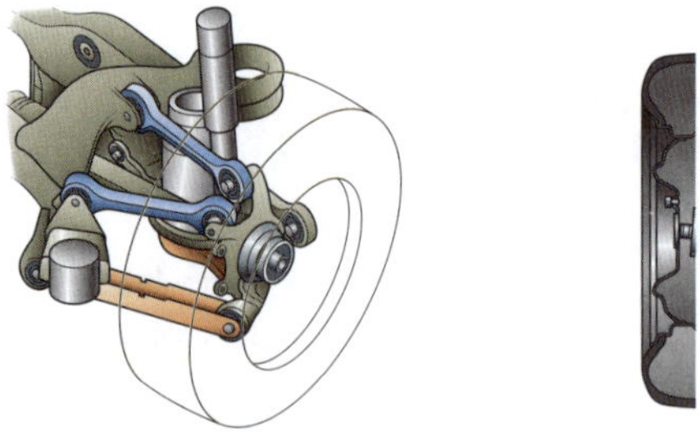

die Fünflenker-Hinterradaufhängung (Einzelradaufhängung)

five link rear suspension (independent suspension)

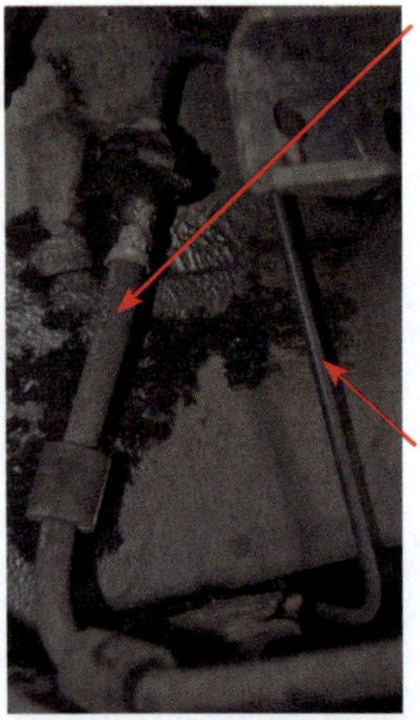

der Bremsschlauch

brake hose

die Bremsleitung

brake line

der Bremssattel

(disk) brake caliper

die Scheibenbremse

disk brake

die (innenbelüftete / gelochte / genutete / Wellen- / Keramik-) Bremsscheibe

(ventilated / perforated / grooved / wave / ceramic) brake disk

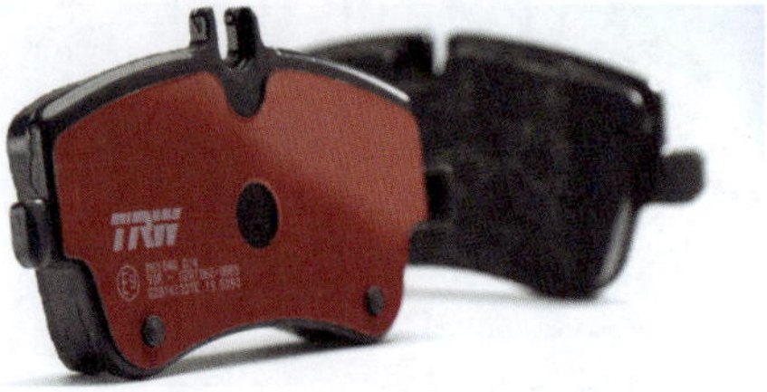

der Bremsbelag – *ugs.* der Bremsstein

brake pad / brake lining

die Trommelbremse entlüften
to bleed drum brake

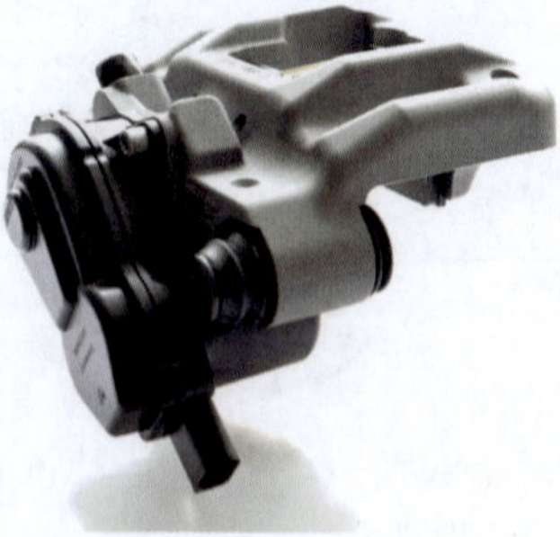

die elektrische Parkbremse
electric parking brake system

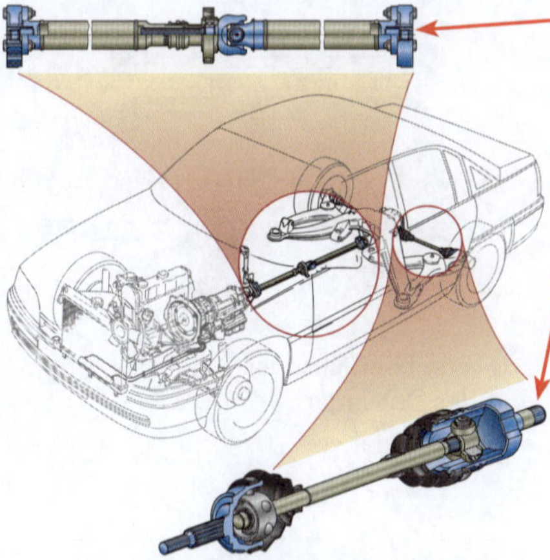

die Längswelle – *ugs.* die Kardanwelle
longitudinal shaft – coll. cardan shaft

die Achswelle
axle shaft / differential side shaft

die Gelenkwelle – *ugs.* die Antriebswelle
propshaft / universal shaft – coll. driveshaft

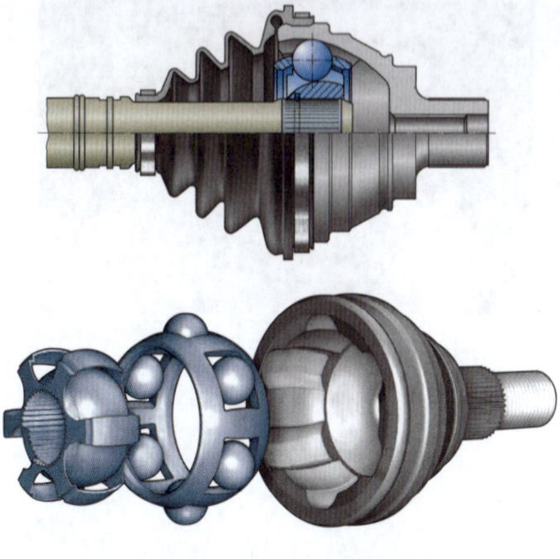

das Festgelenk –
z. B. das Kugel-Gleichlaufgelenk
locating joint / fixed joint –
e.g. constant velocity ball joint

6

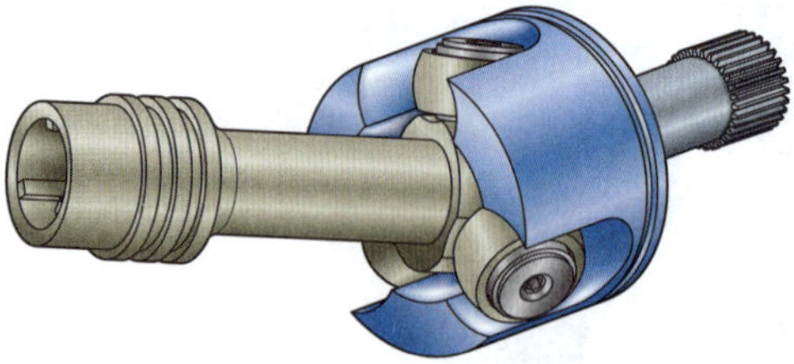

das Verschiebegelenk – z. B. das Tripodegelenk
sliding joint – tripod joint / three-ball-and-trunnion universal joint

die Staubmanschette – *ugs.* die Antriebsmanschette
dust sleeve

die Feder-Dämpfer-Einheit – *ugs.* das Federbein
spring-and-shock-absorber unit / shock absorber – coll. coilcover

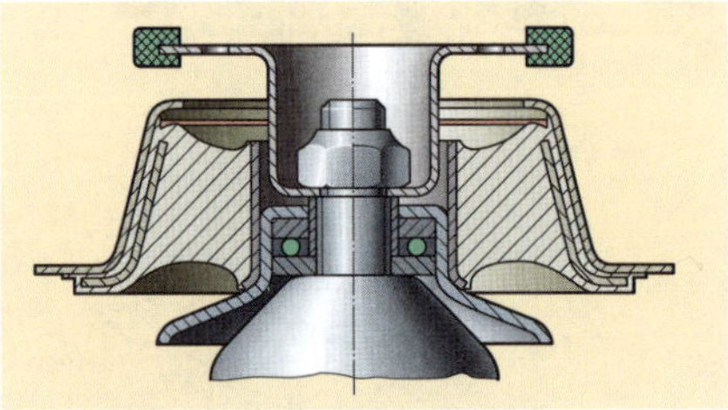

das Federbeinstützlager – *ugs.* das Domlager
suspension turret web

das Sportfahrwerk
sport suspension

die Schraubenfeder
helical spring / coil spring

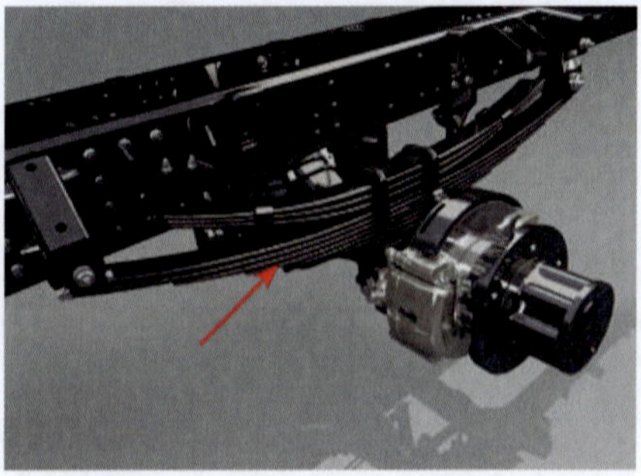

die Blattfeder
leaf spring

die Luftfeder-Dämpfer-Einheit –
ugs. das Luftfederbein
air spring-and-shock-absorber unit

der Stabilisator
stabiliser

das zusammengesetzte Rad /
das mehrteilige Rad
composite wheel / multipiece wheel

das Speichenrad
spoke wheel / spoked wheel

6

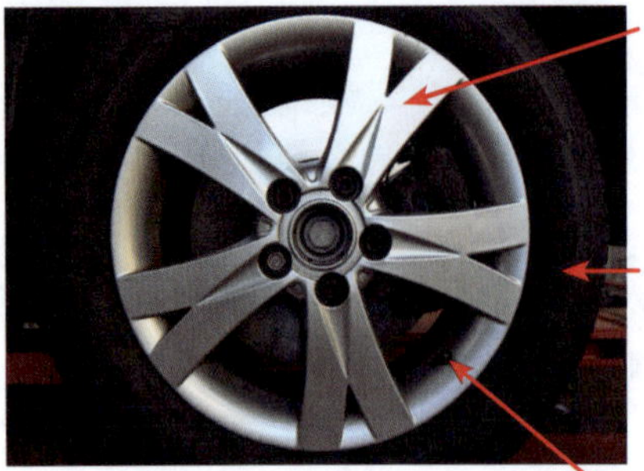

das einteilige Rad
one-piece wheel

der Reifen
tyre

das Ventil
valve

die Felge
(wheel) rim

die Radschüssel
(wheel) disk

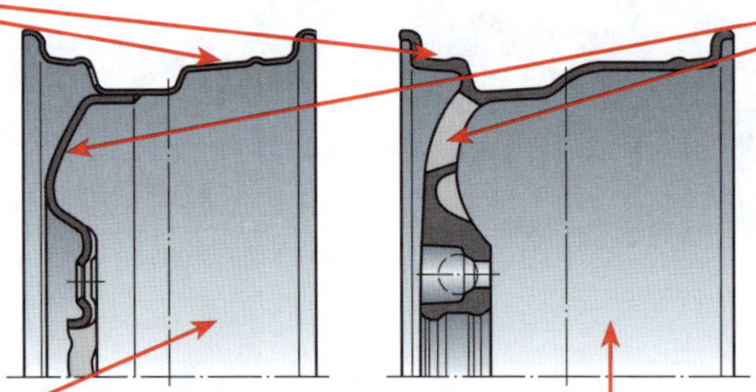

das Bandrad
steel strip wheel

das Gussrad
cast wheel

das Leichtmetall-Scheibenrad – *ugs.* die Alufelge
light metal (disk) wheel / alloy (disk) wheel – coll. alloy wheel

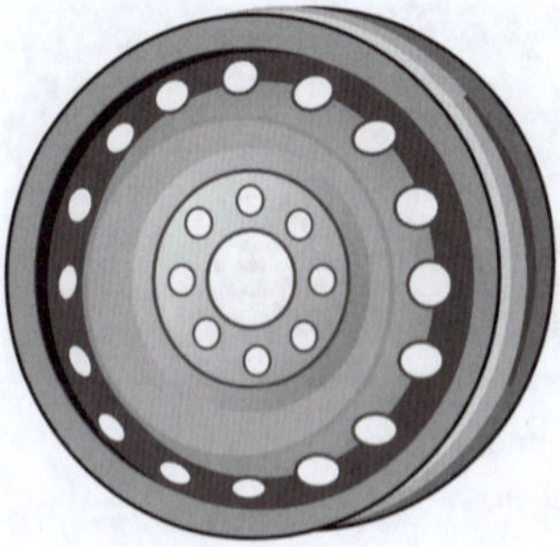

das Stahl-Scheibenrad – *ugs.* die Stahlfelge
steel (disk) wheel

die Radzierblende
wheel cover

die Reifenbreite
tyre width

die Reifenbauart
tyre construction

der Geschwindigkeits-Index
speed limit index – coll. speed index

der Tragfähigkeits-Index
load capacity index – coll. load index

das Höhen-Breiten-Verhältnis
tyre height

der Felgendurchmesser
rim diameter

das Herstellungsdatum
production date / date of manufacture

6

der Radialreifen
radial(-ply) tyre

die Laufrichtung
running direction / arrow

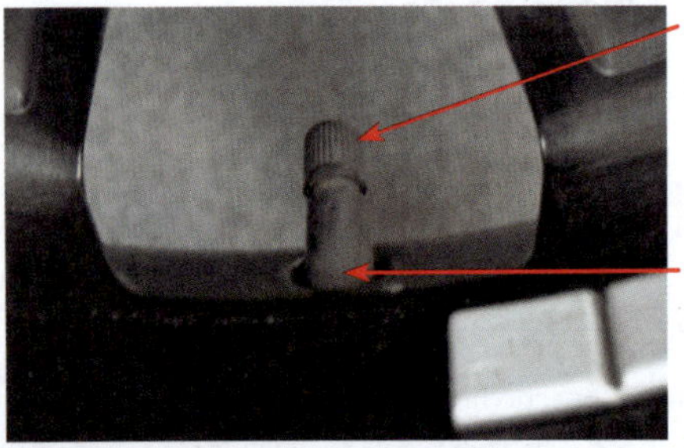

die Schutzkappe
protective cap

das Ventil für schlauchloses Stahlrad
valve for tubeless steel wheel

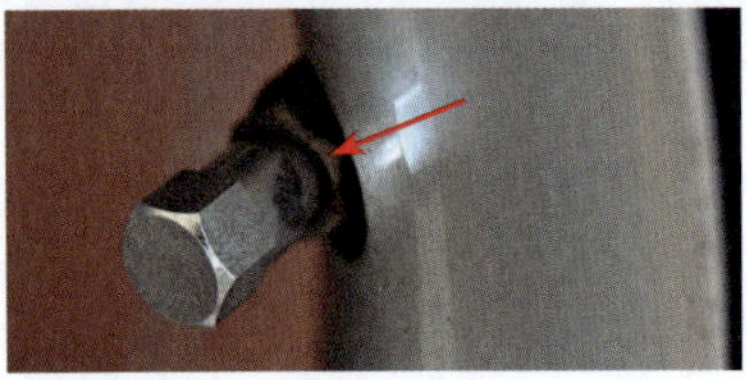

das Ventil für schlauchloses Leichtmetallrad
valve for tubeless (light) alloy wheel

die Radschraube
wheel (lug) bolt

die Radmutter
wheel nut / lug nut

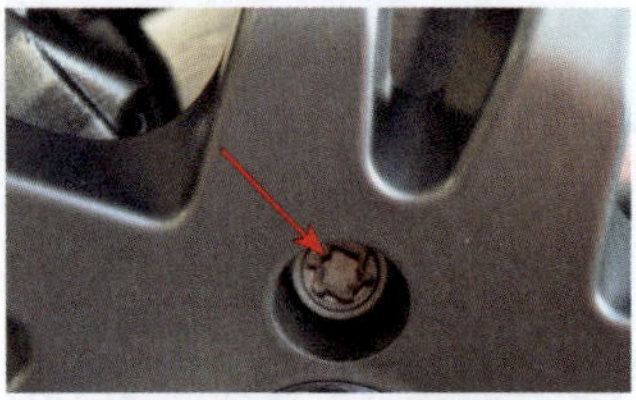

das Radschraubenschloss
wheel(screw) lock

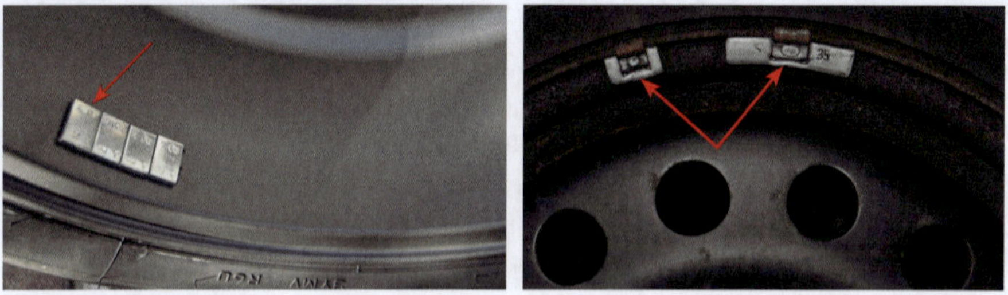

das Auswuchtgewicht
(wheel) balance weight

der Zentrierring
centering ring

der Sommerreifen
summer tyre / normal tyre

der Ganzjahresreifen –
ugs. der Allwetterreifen
all-season tyre

der Winterreifen
winter tyre / snow tyre

Bildquellenverzeichnis

Der Verlag dankt den genannten Firmen, Institutionen und Personen für die Überlassung von Vorlagen bzw. Abdruckgenehmigungen folgender Abbildungen:

3M Deutschland GmbH, Neuss 3M™ Ozonmaske 9928 mit Cool-Flow™ Ausatemventil: S. 33.5

ABUS Kransysteme GmbH, Gummersbach: S. 76.5

Albert Berner Deutschland GmbH, Künzelsau: S. 95.3

Alfred Kärcher GmbH & Co. KG, Winnenden: S. 72.2; 74.6

AMF Andreas Maier GmbH & Co. KG, Fellbach: S. 80.10

Arnz FLOTT GmbH, Remscheid: S. 87.5

AUDI AG, Ingolstadt: S. 109.4, 6; 110.6; 111.4; 155.1; 159.7; 160.2; 162.2; 166.6, 7; 181.5; 188.2, 4; 191.2

August Rueggeberg GmbH & Co. KG PFERD-Werkzeuge, Marienheide: S. 88.5

Behördenverlag Jüngling gbb GmbH &. Co. KG, Unterschleißheim: S. 57.4

Bessey Tool GmbH & Co. KG, Bietigheim-Bissingen: S. 84.8

Thomas Blumhagen, Kassel: S. 68.2; 71.4; 76.1-3

Robert Bosch GmbH, Leinfelden-Echterdingen: S. 74.5; 88.2; 89.2, 3; 90.1; 94.1-4; 95.1, 2, 5, 6; 96.1-5; 182.2; 183.1

Brockhaus HEUER GmbH, Plettenberg: S. 74.2

C. & E. Fein GmbH, Schwäbisch Gmünd-Bargau: S. 87.4

Columbus McKinnon Industrial Products GmbH, Wuppertal: S. 75.3; 76.4

Continental Aftermarket GmbH, Eschborn: S. 195.5, 6

Dacia: S. 155.3

Daimler AG, Stuttgart: S. 135.5; 138.2; 191.1

DEKRA e. V., Stuttgart: S. 102.1

Delius Klasing Verlag, Bielefeld: S 106.4

DGUV Plakat „Erste Hilfe“ (DGUV Information 204-001) der Deutschen Gesetzlichen Unfallversicherung e.V. (DGUV), Glinkastraße 40, 10117 Berlin, www.dguv.de: S. 28.3

dpa-Picture-Alliance GmbH, Frankfurt a.M.: S. 101. 5 (Oliver Berg)

EAL GmbH, Wuppertal: S. 127.5; 128.2, 3

EMCO GmbH, A-Hallein-Taxach: S. 52.3

EMIL LUX GmbH & Co. KG, Wermelskirchen: S. 83.10; 84.5; 85.3

ESKA Erich Schweizer GmbH, Kassel: S. 170.6, 7; 171.1, 2, 5-8; 172.2; 174.4

FELDER GMBH Löttechnik, Oberhausen: S. 89.7-9

Fluke Deutschland GmbH, Glottertal: S. 98.3

Fotolia Deutschland, Berlin, © www.fotolia.de: S. 8.2-7 (dimakp); 12.2 (boophuket); 12.3 (fotodo); 12.8 (Jürgen Fälchle); 13.1 (Der Knipser); 13.11 (Dotan); 13.12 (nmann77); 13.9 (jacklooser); 14.1 (bittedankeschön); 15.4 (euthymia); 15.6 (taddle); 16.4 (Andy Dean); 17.6 (v.poth); 18.2 (lantapix); 18.3 (detailfoto); 18.4 (Windofchange64); 19.2 (onlooka); 19.3 (JiSign); 20.3 (M. Schuppich); 21.1 (Jürgen Effner); 22.2 (pit24); 23.5 (marcus_hofmann); 23.6 (klss777); 24.6 (André Reichardt); 25.3 (Tilo Grellmann); 25.4 (Alterfalter); 25.5 (Eisenhans); 27.2 (Petair); 27.3 (VanHope); 27.4 (Michael Stifter); 27.5 (Adam Gregor); 29.5 (ginton); 30.3 (Pixelot); 33.3, 4 (rdnzl); 33.6 (Ramona Heim); 54.4 (Björn Wylezich); 55.1 (SC-Photo); 55.5 (puckillustrations); 56.1 (mitifoto);

56.4 (illuminator); 57.1 (smuay); 60.1 (phonlamaiphoto); 61.2 (ChiccoDodiFC); 65.4 (industrieblick); 66.1, 2 (Karin & Uwe Annas); 66.3 (industrieblick); 68.1 (auremar); 68.3 (Morakot); 69.5 (goodluz); 74.4 (anko); 79.5 (L.Klauser); 91.4 (©Alexandr Steblovskiy); 93.3 (Volodymyr Khotenko); 97.6 (OHRAUGE); 98.2 (krasyuk); 100.1 (industrieblick); 100.2 (pitb_1); 102.5 (jd-photodesign); 107.3, 4 (Karin & Uwe Annas); 109.2 (apfelweile); 109.3 (Ewald Fröch); 109.5 (usu79); 110.1 (Olivier Le Moal); 110.3 (Manuela Manay); 110.5 (marreston); 111.3 (Jürgen Fälchle); 112.1 (nerthuz); 112.5 (Cla78); 118.5 (Astrid Gast); 119.1 (Astrid Gast); 121.1 (Björn Wylezich); 125.4 (Dron); 125.6 (somsak suwanput); 126.6 (Alterfalter); 129.4 (Oli-ok); 130.2 (Patrick Daxenbichler); 130.3 (Frank B.); 133.1 (Jamrooferpix); 138.3 (bizoo_n); 173.1 (Schlierner); 173.3 (shock); 173.6 (droth7); 174.3 (fefufoto); 178.4 (beermedia)

G. Recht, Merseburg OT Meuschau: S. 53.1-3; 58.1, 2

Gedore-Werkzeugfabrik GmbH & Co. KG, Remscheid: S. 81.3, 4, 6; 82.3, 6; 83.2, 3, 6; 86.6; 87.1

GEFAS Gesellschaft für Arbeitssicherheit GmbH, Wien: S. 33.1

Golaszewski & Königsdörffer OHG, Wandlitz: S. 61.5; 70.2, 3

GTÜ Gesellschaft für Technische Überwachung mbH, Stuttgart: S. 99.3; 100.5, 6

H&R Spezialfedern GmbH & Co. KG, Lennestadt/Trockenbrück: S. 101.4, 7

Reiner Haffer, Friedensdorf: S. 90.6; 91.5; 93.2

HAHN & KOLB Werkzeuge GmbH, Stuttgart: S. 90.3

HAZET-WERK, Hermann Zerver GmbH & Co. KG, Remscheid: S. 79.2-4; 82.2, 4, 5; 83.7; 84.1, 2; 92.1, 3-5; 97.4, 5, 7, 8; 98.4

Heinrich Kopp GmbH, Kahl,: S. 98.1

HELIOS-PREISSER GmbH, Gammertingen: S. 90.4

TESA Technology Deutschland GmbH, Wetzlar: S. 91.6, 7

Hösl Hebetechnik, Grafenhausen: S. 75.4

iStockphoto, Berlin: S. 20.2 (AlexLMX)

Joh. Hermann Picard GmbH & Co. KG, Wuppertal: S. 83.9

JOST-Werke Deutschland GmbH, Neu-Isenburg: S. 120.3, 5, 6; 121.2

Wolfgang Kaiser, Schleswig: S. 84.3

Kessel GmbH, Lenting: S. 59.3

Friedrich Kneip, Gerolstein: S. 173.2

K N I P E X - Werk C. Gustav Putsch KG, Wuppertal: S. 80.1; 82.5; 83.1, 4, 5; 84.6, 7

Carmen Kurth, Stuttgart: S. 32.3

KÜS-Bundesgeschäftsstelle, Losheim am See: S. 99.4

Linde Material Handling GmbH, Aschaffenburg: S. 78.2, 3

Volker Lindner, Haltern: S. 52.5

Liqui Moly GmbH, Ulm: S. 126.5

Lothar Huck GmbH, Bühl-Weitenung: S. 77.6

LuK GmbH & Co. KG, Bühl: S. 183.5

Metabowerke GmbH, Nürtingen: S. 87.3; 88.3, 4, 6; 89.1

MEWA Textil-Service AG & Co. Management OHG, Wiesbaden: S. 34.1-7; 35.1, 3-6; 36.1-4; 73.4, 5; 74.1

Mitutoyo Deutschland GmbH, Neuss: S. 93.1

MS Motorservice Deutschland GmbH, Tamm: S. 177.5; 178.1; 179.1, 2, 5; 180.1-3; 181.4; 182.6

OSRAM: S. 125.2; 128.4

PROXXON S.A., L-Wecker: S. 80.4-7; 81.5, 7, 8

RODAC International BV, KJ Sittard, Niederlande: S. 73.3

ROHDE & SCHWARZ GmbH & Co. KG, München: S. 97.3

ROTHENBERGER Industrial GmbH, Kelkheim: S. 89.5

ROTWERK GmbH, München: S. 85.1

SEKO Sedlmaier GmbH, Kraiburg: S. 162.4

SET Schröder GmbH, Düren: S. 56.3

Shutterstock Images LLC, New York, USA: S. 3.1-13 (one line man); 4.1, 2; 5.1 (Bildagentur Zoonar); 6.1 (Naruedol Reelaong); 7.1 (Syda Productions); 8.1 (Bilion Photos); 9.2 (Bartolomiej Pietrzyk); 10.1 (dikobraziy); 11.1 (Hannamariah); 11.2 (Konstantin Ganin); 11.3 (jamesteohart); 11.4 (Anna Grigorjeva); 11.5 (Anna Grigorjeva); 11.6 (dikobraziy); 12.1 (Evgenii Bobrov); 12.11 (wilks72); 12.4 (Rawpixel.com); 12.5 (Zoltan Major); 13.13 (Yuganov Konstantin); 13.4 (Diego Cervo); 13.7 (George Rudy); 14.2 (Chones); 15.2 (Ravital); 15.3 (Oliver Hoffmann); 15.5 (Billion Photos); 15.7 (Rafael Croonen); 16.1 (Oliver Hoffmann); 16.2 (heromen30); 16.3 (Picketfence); 16.5 (Shutter Baby photo); 16.6 (Thor Jorgen Udvang); 17.2 (P.S_2); 17.3 (Dmitry Lityagin); 17.4 (graysolid); 17.5(Plamen Galabov); 18.1 (Pretty Vectors); 18.5 (Maxx-Studio); 18.7 (Jeanie333); 19.1 (northallertonman); 19.4 (visualpower); 20.5 (sirtravelalot); 20.6 (Ev. Safronov); 21.2 (Surasak_ Photo); 21.3 (Corepics VOF); 21.4 (Tootles); 21.5 (simonidadj); 22.1 (doomu); 22.3 (BaLL LunLa); 22.4 (Olga Velichko); 23.1 (australianrider); 23.2 (graja); 23.3 (JohannesS); 23.4 (pixinoo); 23.7 (Cineberg); 24.1 (Africa Studio); 24.2 (gpointstudio); 24.3 (Nithid Memanee); 24.4 (Sergiy Zavgorodny); 24.5 (Cineberg); 25.1 (Ververidis Vasilis); 25.2 (Claudio Divizia); 26.1 (Dimitar Yalamov); 26.2 (Yehuda Boltshauser); 26.3 (KPG_Payless); 26.4 (Keikona); 26.5 (Madarakis); 26.6 (GaudiLab); 27.1 (Natasa Adzic); 28.1 (Lisa-Blue); 28.2 (ILYA AKINSHIN); 29.1 (Photographee.eu); 29.4 (nikkytok); 30.2 (Andrey_Kuzmin); 31.1 (Piotr Zajda); 32.1 (Vladyslav Lehir); 32.2 (Cineberg); 32.5 (Roman Samborskyi); 32.6 (Tomasz Majchrowicz); 33.2 (PR Image Factory); 35.2 (VGstockstudio); 36.5 (Kzenon); 52.2 (Bartolomiej Pietrzyk); 53.4 (Bartolomiej Pietrzyk); 54.1 (ChameleonsEye); 54.2 (A_Lesik); 54.3 (ImagineStock); 54.5 (Karlowac); 55.2 (vivooo); 55.3 (Rawpixel.com); 55.4 (JCVStock); 56.2 (romarti); 57.2 (Bildagentur Zoonar GmbH); 57.3 (struvictory); 58.3; 58.4 (Nadezda Murmakova); 58.5 (Soonthorn Wongsaita); 59.1 (Boibin); 59.2 (Thanakorn chuenpongsa); 60.2 (ESB Professional); 60.3 (IJzendoorn); 60.4 (Scharfsinn); 60.5 (Dmitry Kalinovsky); 60.6 (stocktributor); 61.1 (1Roman Makedonsky); 61.3 (Hadrian); 62.1 (Perutskyi Petro); 62.2 (loraks); 62.3 (hedgehog94); 62.4 (Dmitry Kalinovsky); 62.5 (Dmitry Kalinovsky); 63.1 (Iakov Filimonov); 63.2 (Dmitry Kalinovsky); 63.3 (loraks); 63.4 (Olaf Speier); 63.5 (Kzenon); 64.1 (nd3000); 64.2 (Kot500); 64.3 (Minerva Studio); 64.4 (Kzenon); 64.5 (Marcin Balcerzak); 65.1 (Nejron Photo); 65.2 (Nejron Photo); 65.3 (YAKOBCHUK VIACHESLAV); 65.5 (Fh Photo); 66.4 (Dmitry Kalinovsky); 66.5 (ALPA PROD); 66.6 (Billion Photos); 67.1 (Gabriel Georgescu); 67.2 (Nejron Photo); 67.3 (Minerva Studio); 67.4 (shutter_o); 67.5 (Andrey_Popov); 68.4 (VGstockstudio); 68.5 (SteLuk); 68.6 (Roman Samborskyi); 69.1 (kurhan); 69.2 (Syda Productions); 69.3 (Pavel L Photo and Video); 69.4 (goodluz); 70.1 (photovova); 70.4 (Roman Samborskyi); 70.5 (kurhan); 70.6 (Vereshchagin Dmitry); 71.1 (Romaset); 71.2 (wavebreakmedia); 71.3 (Baloncici); 71.5 (narai chal); 71.6 (Menzl Guenter); 72.1 (FLUKY FLUKY); 72.3 (Dmitry Kalinovsky); 72.4 (Kostsov); 72.5 (Jeffery Stone); 73.1 (TWENTY_A); 73.2 (Goran Bogicevic); 81.1 (LesPalenik); 85.2 (3©donatas1205); 89.6 (photovova); 109.1 (Supertrooper); 111.2 (AppStock); 111.5 (Mona Makela); 113.1 (autovector); 113.3 (etraveler); 113.8 (whyt); 114.2 (Drogatnev); 114.3 (Thomas Soellner); 114.5 (Pet Student); 114.6 (pozitivo); 116.1 (Mechanik); 117.4 (Anatoliy Kosolapov); 120.4 (kirill4mula); 125.1 (SteveWoods); 125.3 (YolLusZam1802); 125.5 (euthymia); 126.2 (r.classen); 126.3 (TwilightArtPictures); 126.4 (Khimchenko Klim); 128.5 (Tatiana Popova); 128.6 (Fobosvobos); 129.1 (Film-1); 129.2 (Coprid); 130.1 (Andrey Popov); 130.4 (Bonezboyz);

130.5 (Vchal); 130.6 (a_v_d); 131.1 (Peter Gudella); 131.4 (Yuri Samsonov); 132.4 (Keith Homan); 136.4 (starman963); 140.4 (Michael Thompson); 140.6 (YuryKo); 154.4 (aSuruwataRi); 160.4 (structuresxx); 171.3 (ajt); 172.7 (Winai Tepsuttinun); 175.4 (BACHTUB DMITRII); 176.1 (Junlapatchara); 176.4 (katueng); 177.2 (Lisa A.); 180.4 (Svetlana Gajic); 181.2 (Stason4ik); 181.3 (Alex Artx); 181.6 (Maksim Vivtsaruk); 182.1 (Aleksandar Dickov); 185.5 (Bespaliy)

Sono Motors GmbH, GmbH: S. 110.2

SpanSet GmbH & Co. KG, Übach-Palenberg: S. 77.2, 3

SUBARU Deutschland GmbH, Friedberg: S. 132.5, 139.2, 154.5

Suva Unternehmenskommunikation, CH-Luzern: S. 77.7-9

SV SAXONIA VERLAG für Recht, Wirtschaft und Kultur GmbH, Dresden: S. 99.2

SYSTEM STANDEX A/S, DK-Odense: S. 52.4

Toyota Deutschland GmbH, Köln: S. 111.1, 6

TÜV NORD AG, Essen: S. 99.5; 100.3, 4

TÜV SÜD AG, München: S. 99.6

VARTA AG, Ellwangen: S. 127.6

Verlag C.H.BECK: S. 99.1

Verlag Handwerk und Technik GmbH, Hamburg: S. 3.14; 5.2; 9.1; 17.1; 18.6; 20.4; 22.5; 25.6; 27.6; 29.2, 3, 6; 30.1, 4, 5; 32.4; 48.6; 56.5; 59.4; 61.4; 74.3; 75.1, 2; 76.6; 80.8, 9; 82.1; 84.4; 86.1-5, 7; 87.2; 88.1; 89.4; 90.2; 91.1-3; 92.2; 93.4, 5; 95.4; 97.1, 2; 101.6; 103.1-4; 106.2, 3, 5, 6; 107.1, 2; 108.2-5; 110.4; 118.6, 7; 119.4, 5, 7; 120.1, 2; 126.1; 127.1-4; 128.1, 129.3, 5-7; 131.2, 3, 5, 6; 132.1-3, 6, 7; 133.2-6; 134.1-6; 135.1-4, 6; 136.1, 2, 5-7; 137.1-4; 138.1, 4, 5; 139.1, 3, 4; 140.1-3, 5; 141.1-5; 142.1; 143.1, 2; 146.4-8; 147.3, 4, 7; 148.2, 3; 150.1-3, 5-7; 151.5, 6, 8; 152.1-3; 153.5, 6; 154.1-3; 155.2, 4, 5; 156.1-4, 157.1-5, 158.1, 3-6; 159.1-6; 160.1, 3, 5; 161.1-5; 162.1, 3, 5; 163.1-4; 164.1-9; 165.1-6; 166.1, 2; 170.8; 172.4-6; 173.4, 5; 174.1, 2, 5, 6; 175.1, 2; 176.2; 177.1, 3, 4; 178.2, 3, 5; 179.3, 4; 180.5; 182.3-5; 183.2, 3; 184.1-4; 185.1-4, 6; 188.3, 5; 189.1; 190.2, 6; 191.3; 192.1; 193.2-4; 194.1-7; 195.1-4, 7, 8

Volkswagen AG, Wolfsburg: S. 158.2; 175.3

Josef Wagner, Salzweg: S. 79.1; 80.2; 81.2

Wiha Werkzeuge GmbH, Schonach: S. 83.8

Bernd Winkler, Immenhausen: S. 55.6; 56.6

Zentralverband Deutsches Kraftfahrzeuggewerbe e. V. (ZDK), Bonn: S. 61.6

ZF Friedrichshafen AG, Friedrichshafen: S. 176.3; 183.4, 6; 186.1, 2, 7; 187.1; 188.6; 189.2; 190.3, 5

Die technischen und grafischen Zeichnungen wurden nach Vorlagen ausgeführt von:

Dipl.-Ing. Manfred Appel, A&I-Planungsgruppe, Lübeck: S. 77.1, 4, 5; 78.1; 80.3; 90.5

as-illustration, Rimpar: S. 6.2-11; 7.2, 8.2-7; 9.1, 10, 12.6, 7, 9, 10, 12, 13; 13.2, 3, 5, 6, 8, 10; 19.5,6; 20.1; 105.1,5-7; 106.1; 115.6; 118.2; 119.2,3

Grafische Produktion Neumann, Rimpar: S. 14.3-9; 15.1; 31.2-7; 52.6, 7; 75.5-8; 101.1-3; 102.2-4; 104; 105.2-4; 108.1; 112.2-4, 6-8; 113.2, 4-7; 114.1, 4, 7, 8; 115.1-5; 116.2-8; 117.1-3, 5-8; 118.1, 3, 4; 119.6, 8; 121.3-6; 122.1-6; 123.1-6; 124.1-5; 136.3; 143.3-7; 144; 145; 146.1-3; 147.1, 2, 5, 6, 8; 148.2, 4-9; 149, 150.4; 151.1-4, 7, 9, 10; 152.4-8;153.1-4, 7-9; 166.3-5; 167; 168; 169; 170.1-5; 171.4; 172.1, 3; 180.6; 181.1; 186.3-6; 187.2-8; 188.1; 189.3, 4; 190.1, 4; 191.4, 5; 192.2-4; 193.1

Alle Begriffe im Plural – Plural forms of nouns

das 0-Kennzeichen, die 0-Kennzeichen 105
das Abblendlicht, die Abblendlichter 149, 164
der Abblendlichtschalter, die Abblendlichtschalter 149
der Abblendscheinwerfer, die Abblendscheinwerfer 164
der Abend, die Abende 7
der Abfall, die Abfälle 53
der Abfallbehälter, die Abfallbehälter 57
der Abfallcontainer, die Abfallcontainer 57
die Abfallkennzeichnung, die Abfallkennzeichnungen 52
die Abgasanlagenaufhängung, die Abgasanlagenaufhängungen 184
das Abgasendrohr, die Abgasendrohre 185
der Abgasfehler, die Abgasfehler 144
der Abgaskrümmer, die Abgaskrümmer 182
das Abgasrohr, die Abgasrohre 184
der Abgastester, die Abgastester 96
der Abgasturbolader, die Abgasturbolader 182
die Abgasuntersuchung, die Abgasuntersuchungen 100
die abgedunkelte Scheibe, die abgedunkelten Scheiben 160
die Abgreifklemme, die Abgreifklemmen 98
das abisolierte Kabel, die abisolierten Kabel 173
die Abisolierzange, die Abisolierzangen 83
das Ablagefach, die Ablagefächer 132
die abnehmbare Anhängerzugvorrichtung, die abnehmbaren Anhängerzugvorrichtungen 118
der Abscheider, die Abscheider 59
die Abschleppkupplung, die Abschleppkupplungen 121
die Abschleppöse, die Abschleppösen 127
das Abschleppseil, die Abschleppseile 128
die Abschleppstange, die Abschleppstangen 127
die Absturzgefahr, die Absturzgefahren 43
der Abzieher, die Abzieher 86
der Abzweig-Klemmverbinder, die Abzweig-Klemmverbinder 174
die Achslast, die Achslasten 123
die Achsvermessung, die Achsvermessungen 96
die Achswelle, die Achswellen 189
der Adapter, die Adapter 119
das Airbagsystem, die Airbagsysteme 143
der Akku, die Akkus 174
der Akkumulator, die Akkumulatoren 174
der Akku-Bohrschrauber, die Akku-Bohrschrauber 89
der Akku-Nass-/Trockensauger, die Akku-Nass-/Trockensauger 74
der Akku-Schlagschrauber, die Akku-Schlagschrauber 89
der Akkuschrauber, die Akkuschrauber 89
die Alarmanlage, die Alarmanlagen 146
die allgemeine Betriebserlaubnis, die allgemeinen Betriebserlaubnisse 101
das allgemeine Gebotszeichen, die allgemeinen Gebotszeichen 40
der allgemeine Hinweis 52
das allgemeine Kennzeichen, die allgemeinen Kennzeichen 104
das allgemeine Verbotszeichen, die allgemeinen Verbotszeichen 37
das allgemeine Warnzeichen, die allgemeinen Warnzeichen 43
der Allwetterreifen, die Allwetterreifen 195
die Altbatterie, die Altbatterien 56
die alte Bremsflüssigkeit, die alten Bremsflüssigkeiten 55
die alte Energiesparlampe, die alten Energiesparlampen 56
die alte Scheinwerferlampe, die alten Scheinwerferlampen 56
der alternative Antrieb, die alternativen Antriebe 110
der Altglascontainer, die Altglascontainer 57
das Altmetall, die Altmetalle 55
das Altöl, die Altöle 56
der Altreifen, die Altreifen 55
die Alufelge, die Alufelgen 192
die amtlich anerkannte Prüforganisation, die amtlich anerkannten Prüforganisationen 99
das amtliche Kennzeichen, die amtlichen Kennzeichen 104
die analoge Bügel-Messschraube für Außenmessung, die analogen Bügel-Messschrauben für Außenmessung 93
das analoge Vielfachmessgerät, die analogen Vielfachmessgeräte 98
das Analog-Multimeter, die Analog-Multimeter 98
der anerkannte Altfahrzeug-Demontagebetrieb, die anerkannten Altfahrzeug-Demontagebetriebe 61
die anerkannte Annahmestelle für Altfahrzeuge, die anerkannten Annahmestellen für Altfahrzeuge 61
das Anhängefahrzeug, die Anhängefahrzeuge 117
die Anhängelast, die Anhängelasten 119, 123
der Anhänger, die Anhänger 117
die Anhängeransteuerung, die Anhängeransteuerungen 145
die Anhängerkupplung, die Anhängerkupplungen 118
der Anhängerkupplungskopf, die Anhängerkupplungsköpfe 119
die Anhängersteckdose, die Anhängersteckdosen 119
der Anhängerstecker, die Anhängerstecker 120
die Anhänger-Zugmaschine, die Anhänger-Zugmaschinen 116
die Anhängerzugvorrichtung, die Anhängerzugvorrichtungen 118
der anklappbare Außenspiegel, die anklappbaren Außenspiegel 148

der Anlasser, die Anlasser 175
die Anleitung zur Ersten Hilfe,
die Anleitungen zur ersten Hilfe 28
das Annahmegespräch, die Annahmegespräche 68
die Annahmestelle, die Annahmestellen 61
der Ansaugluft-Filtereinsatz,
die Ansaugluft-Filtereinsätze 179
das Ansaugluft-Filtergehäuse,
die Ansaugluft-Filtergehäuse 179
der Anschlagwinkel 45°, die Anschlagwinkel 45° 90
der Anschluss für AUX/SD-Karte/USB,
die Anschlüsse für AUX/SD-Karte/USB 139, 140
das Antiblockiersystem, die Antiblockiersysteme 143
die Antriebsmanschette, die Antriebsmanschetten 190
die Antriebsschlupfregelung,
die Antriebsschlupfregelungen 143
die Antriebswelle, die Antriebswellen 189
der Arbeitsablauf, die Arbeitsabläufe 68
der Arbeitsauftrag, die Arbeitsaufträge 68
der Arbeitshandschuh, die Arbeitshandschuhe 35
der Arbeitshelm, die Arbeitshelme 33
das Arbeitshemd, die Arbeitshemden 35
die Arbeitshose, die Arbeitshosen 34
die Arbeitsjacke, die Arbeitsjacken 35
der Arbeitskittel, die Arbeitskittel 34
die Arbeitskleidung, die Arbeitskleidungen 34
die Arbeitslatzhose, die Arbeitslatzhosen 34
der Arbeitsoverall, die Arbeitsoveralle 34
der Arbeitsschuh, die Arbeitsschuhe 32
die Arbeitsshorts 34
der Arbeitsunfall, die Arbeitsunfälle 26
die Arbeitsweste, die Arbeitswesten 35
die Arbeitszeit, die Arbeitszeiten 12
das Armaturenbrett, die Armaturenbretter 131
die Armlehne, die Armlehnen 134
der Arzt, die Ärzte 46
die A-Säule, die A-Säulen 157
der Aschenbecher, die Aschenbecher 132
das A-Schild, die A-Schilder 52
die Atem(schutz)maske, die Atem(schutz)masken 33
die Atemschutz(voll)maske, die Atemschutz(voll)masken 33
die ATS-Sicherung, die ATS-Sicherungen 170
die Aufliegelast, die Aufliegelasten 123
die Auftragskarte, die Auftragskarten 107
die Augendusche, die Augenduschen 29
die Augenspüleinrichtung, die Augenspüleinrichtungen 46
die Augenspülflasche, die Augenspülflaschen 29
die Augenspülstation, die Augenspülstationen 29
das Ausfuhrkennzeichen, die Ausfuhrkennzeichen 105
der Ausgleichsbehälter, die Ausgleichsbehälter 183
die Auspuffblende, die Auspuffblenden 185
der Auspuffkrümmer, die Auspuffkrümmer 182
das Auspuffrohr, die Auspuffrohre 184
der Außenspiegel, die Außenspiegel 148
das Ausstelldach, die Ausstelldächer 134
das Ausstellfenster, die Ausstellfenster 157
die Ausstellungsfläche, die Ausstellungsflächen 69
der Ausstellungsraum, die Ausstellungsräume 69
das Auswuchtgewicht, die Auswuchtgewichte 195
die Auswucht(gewicht)zange,
die Auswucht(gewicht)zangen 83
der/die Auszubildende, die Auszubildenden 66
das Auto, die Autos 109
das Autodach, die Autodächer 160
das Autogasfahrzeug, die Autogasfahrzeuge 110
die Automatik, die Automatiken 137
das Automatikgetriebe, die Automatikgetriebe 183
der automatische Anlauf, die automatischen Anläufe 44
die automatische Reifenprofilmessung,
die automatischen Reifenprofilmessungen 95
der automatisierte externe Defibrillator,
die automatisierten externen Defibrillatoren 46
der Automobilhändler, die Automobilhändler 60
der Automobilhersteller, die Automobilhersteller 60
der/die Automobilkaufmann/-frau,
die Automobilkaufmänner/-frauen 64
der/die Automobilverkäufer/-in,
die Automobilverkäufer/-innen 65
das Autoradio, die Autoradios 140
der Autositzschonbezug, die Autositzschonbezüge 74
der Autotürgriff, die Autotürgriffe 158
die Autovermietung, die Autovermietungen 60
der Autoverwerter, die Autoverwerter 61
der AUX-Anschluss, die AUX-Anschlüsse 139
das Bandrad, die Bandräder 192
die Bankkarte, die Bankkarten 23
die Banknote, die Banknoten 23
die Bankschleifmaschine, die Bankschleifmaschinen 88
das Bargeld, die Bargelder 23
das Barrel, die Barrel(s) 20
das Batteriekabel, die Batteriekabel 175
die Batterieklemme, die Batterieklemmen 175
das Batterieladegerät, die Batterieladegeräte 90
der Batterieprüfer, die Batterieprüfer 94
das Batterieprüfgerät, die Batterieprüfgeräte 94
die Baugruppe, die Baugruppen 125
das Bauteil, die Bauteile 125
das Bedienungshandbuch, die Bedienungshandbücher 103
das Begrenzungslicht, die Begrenzungslichter 148, 163
die beheizbare Frontscheibe,
die beheizbaren Frontscheiben 157
der Beifahrerairbag, die Beifahrerairbags 137, 146, 151
die Beifahrerairbag-Deaktivierung,
die Beifahrerairbag-Deaktivierungen 146
der Beifahrerairbag-Deaktivierungsschalter,
die Beifahrerairbag-Deaktivierungsschalter 151

die Beifahrerairbag-Kontrolllampe,
die Beifahrerairbag-Kontrolllampen 146
der Beifahrersitz, die Beifahrersitze 134
die Beifahrertür, die Beifahrertüren 157
der beleuchtete Make-Up-Spiegel,
die beleuchteten Make-Up-Spiegel 133
das Benutzerhandbuch, die Benutzerhandbücher 103
die Benzin-Direkteinspritzung,
die Benzin-Direkteinspritzungen 181
der Benziner, die Benziner 109
das Benzinfahrzeug, die Benzinfahrzeuge 109
der Beruf, die Berufe 62
der/die Berufskraftfahrer/-in, die Berufskraftfahrer/-innen 63
das Betonmischfahrzeug, die Betonmischfahrzeuge 116
die Betriebsanweisung (Maschine),
die Betriebsanweisungen (Maschinen) 48
die Biogefährdung, die Biogefährdungen 43
der Bit, die Bits 80
die Bi-Xenonlampe, die Bi-Xenonlampen 168
die Blattfeder, die Blattfedern 191
das Blech(teil), die Blech(teile) 154
die Blinkanlage, die Blinkanlagen 145
der Blinker, die Blinker 149, 165
das Blinklicht, die Blinklichter 149, 164, 165
die Bodenfreiheit, die Bodenfreiheiten 122
der Bohrer, die Bohrer 87
die Bohrmaschine, die Bohrmaschinen 87
der Bohrschrauber, die Bohrschrauber 89
die Bolzenkupplung, die Bolzenkupplungen 120
der Bordcomputer, die Bordcomputer 142, 150
die Bordspannungsanzeige,
die Bordspannungsanzeigen 142
die Bordspannungssteckdose,
die Bordspannungssteckdosen 132
die BOSCH-Sicherung, die BOSCH-Sicherungen 170
das Botschaftskennzeichen, die Botschaftskennzeichen 105
der Brand, die Brände 26
der Brandmelder, die Brandmelder 29, 47
das Brandmeldetelefon, die Brandmeldetelefone 47
die Brandschutztür, die Brandschutztüren 30
die Brandschutzzeichen, die Brandschutzzeichen 47
der Bremsbelag, die Bremsbeläge 188
der Bremsbelagverschleiß, die Bremsbelagverschleiße 145
der Bremsenprüfstand, die Bremsenprüfstände 97
die Bremsflüssigkeit, die Bremsflüssigkeiten 55, 183
der Bremsflüssigkeits-Ausgleichsbehälter,
die Bremsflüssigkeits-Ausgleichsbehälter 183
der Bremsflüssigkeitsdruck, die Bremsflüssigkeitsdrücke 144
der Bremsflüssigkeitsprüfer, die Bremsflüssigkeitsprüfer 95
der Bremsflüssigkeitsstand,
die Bremsflüssigkeitsstände 144
der Bremskraftverstärker, die Bremskraftverstärker 183
die Bremsleitung, die Bremsleitungen 188
das Bremslicht, die Bremslichter 166
das Bremspedal, die Bremspedale 139
der Bremssattel, die Bremssättel 188
die Bremsscheibe, die Bremsscheiben 188
der Bremsscheiben-Messschieber,
die Bremsscheiben-Messschieber 92
der Bremsschlauch, die Bremsschläuche 188
der Bremsstein, die Bremssteine 188
das Brennstoffzellenauto, die Brennstoffzellenautos 111
der Brückenzug, die Brückenzüge 117
die B-Säule, die B-Säulen 160
die Bügelmessschraube, die Bügelmessschrauben 93
der Bullenfänger, die Bullenfänger 155
das Büro, die Büros 73
der Büroraum, die Büroräume 73
der Bus, die Busse 114
der Busanhänger, die Busanhänger 118
der Caravan, die Caravans 118
das CC-Zusatzschild, die CC-Zusatzschilder 106
der CD-Wechsler, die CD-Wechsler 140
das CD-Zusatzschild, die CD-Zusatzschilder 106
das CoC-Zertifikat, die CoC-Zertifikate 101
die Common-Rail-Dieseleinspritzung,
die Common-Rail-Dieseleinspritzungen 181
der Common-Rail-Injektor, die Common-Rail-Injektoren 182
das Coupé, die Coupes 113
der Crimp, die Crimps 174
die Crimpzange, die Crimpzangen 83
die C-Säule, die C-Säulen 160
die Dachantenne, die Dachantennen 159
die Dachbox, die Dachboxen 160
der Dachhimmel, die Dachhimmel 133
die Dachreling, die Dachrelings 160
der Dachspoiler, die Dachspoiler 160
der Dämpfer, die Dämpfer 161
die defekte Flachstecksicherung mit LED-Indikator,
die defekten Flachstecksicherungen mit
LED-Indikator 172
die defekte Sicherung, die defekten Sicherungen 172
der Defibrillator, die Defibrillatoren 29
die Deichselachse mit Wattgestänge,
die Deichselachsen mit Wattgestänge 187
der Deichselanhänger, die Deichselanhänger 117
das Dekanewton, die Dekanewton 22
der Demontagebetrieb, die Demontagebetriebe 61
das deutsche Pfund, die deutschen Pfunde 17
der Dezimeter, die Dezimeter 18
die Diagnosebuchse, die Diagnosebuchsen 136
der Diagnosetester, die Diagnosetester 95
der Dichtgummi, die Dichtgummis 157
der Dichtungsschaber, die Dichtungsschaber 84
der Dienstag, die Dienstage 5
der Dienstplan, die Dienstpläne 12

der Diesel, die Diesel 109
das Dieselfahrzeug, die Dieselfahrzeuge 109
die Diesel-Hochdruckpumpe,
die Diesel-Hochdruckpumpen 181
die Dieselklappe, die Dieselklappen 180
die Diesel-Regelklappe, die Diesel-Regelklappen 180
die digitale Bügel-Messschraube für Außenmessung,
die digitalen Bügel-Messschrauben
für Außenmessung 93
das digitale Vielfachmessgerät,
die digitalen Vielfachmessgeräte 98
das Digital-Multimeter, die Digital-Multimeter 98
das Diplomatenkennzeichen,
die Diplomatenkennzeichen 105
das Diplomaten-Zusatzschild,
die Diplomaten-Zusatzschilder 106
die Direktannahme, die Direktannahmen 70
die Direkteinspritzung, die Direkteinspritzungen 181
der Doktor, die Doktoren 46
das Domlager, die Domlager 190
der Donnerstag, die Donnerstage 5
der Doppelcrimp, die Doppelcrimp 174
der Doppel-Gabelschlüssel, die Doppel-Gabelschlüssel 81
der Doppel-Maulschlüssel, die Doppel-Maulschlüssel 81
die Doppelquerlenkerachse,
die Doppelquerlenkerachsen 187
der Doppel-Ringschlüssel, die Doppel-Ringschlüssel 81
der Dorn, die Dorne 84
die Drahtbürste, die Drahtbürsten 84
der Drehmomentschlüssel, die Drehmomentschlüssel 82
der Drehstromgenerator, die Drehstromgeneratoren 174
der Drehzahlmesser, die Drehzahlmesser 143
der Dreipunkt-Lenker, die Dreipunkt-Lenker 186
die Dreiviertelstunde, die Dreiviertelstunden 8
die dreizehnpolige Anhängersteckdose,
die dreizehnpoligen Anhängersteckdosen 119
der dreizehnpolige Anhängerstecker,
die dreizehnpoligen Anhängerstecker 120
das dritte Bremslicht, die dritten Bremslichter 165
die Drosselklappe, die Drosselklappen 180
die Drosselklappeneinheit,
die Drosselklappeneinheiten 180
der Druckverlustprüfer, die Druckverlustprüfer 93
das Druckverlustprüfgerät, die Druckverlustprüfgeräte 93
der Duftbaum, die Duftbäume 132
der Durchtreiber, die Durchtreiber 84
das E-Auto, die E-Autos 111
die EC-Karte, die EC-Karten 23
die Einfadenlampe für Abblendlicht (H11, HBA),
die Einfadenlampen für Abblendlicht (H11, HBA) 168
die Einfadenlampe für Begrenzungslicht oder Kennzeichenbeleuchtung (W3W, W5W), die Einfadenlampen für Begrenzungslicht oder Kennzeichenbeleuchtung (W3W, W5W) 170
die Einfadenlampe für Begrenzungslicht oder Schlusslicht (R10W, R5W) die Einfadenlampen für Begrenzungslicht oder Schlusslicht (R10W, R5W) 170
die Einfadenlampe für Begrenzungslicht (H6W, T4W), die Einfadenlampen für Begrenzungslicht (H6W, T4W) 169, 170
die Einfadenlampe für Blinklicht: H21W,
die Einfadenlampen für Blinklicht: H21W 169
die Einfadenlampe für Bremslicht, Blinklicht, Nebelschlusslicht oder Rückfahrlicht (P21W, P27W), die Einfadenlampen für Bremslicht, Blinklicht, Nebelschlusslicht oder Rückfahrlicht (P21W, P27W) 169
die Einfadenlampe für Fernlicht, Abblendlicht oder Nebellicht (H7, HIR2), die Einfadenlampen für Fernlicht, Abblendlicht oder Nebellicht (H7, HIR2) 167, 168
die Einfadenlampe für Fernlicht (H9, HB3, HIR1), die Einfadenlampen für Fernlicht (H9, HB3, HIR1) 167, 168
die Einfadenlampe für Kennzeichenbeleuchtung oder Schlusslicht: C5W, die Einfadenlampen für Kennzeichenbeleuchtung oder Schlusslicht: C5W 170
die Einfadenlampe für Nebellicht oder Abblendlicht: H8, die Einfadenlampen für Nebellicht oder Abblendlicht: H8 167
die Einfadenlampe für Nebellicht oder Fernlicht: H3, die Einfadenlampen für Nebellicht oder Fernlicht: H3 167
die Einfadenlampe für Nebellicht, Fernlicht oder Abblendlicht: H1, die Einfadenlampen für Nebellicht, Fernlicht oder Abblendlicht: H1 167
die Einfadenlampe für Nebellicht: H10, die Einfadenlampen für Nebellicht: H10 167
die Einfadenlampe für Rückfahrlicht: C21W,
die Einfadenlampen für Rückfahrlicht: C21W 170
der Einfüllstutzen, die Einfüllstutzen 162
die Einparkhilfe, die Einparkhilfen 146, 151
der einpolige Spannungsprüfer,
die einpoligen Spannungsprüfer 97
der Einschaltschutz, die Einschaltschutze 52
die Einspritzdüse, die Einspritzdüsen 182
die Einspritzleitung, die Einspritzleitungen 181
das Einspritzventil, die Einspritzventile 181
das einteilige Rad, die einteiligen Räder 192
die Einzelbetriebserlaubnis,
die Einzelbetriebserlaubnisse 102
der Eiskratzer, die Eiskratzer 129
das E-Kennzeichen, die E-Kennzeichen 105
der elektrisch anklappbare Außenspiegel,
die elektrisch anklappbaren Außenspiegel 148

die elektrische Bohrmaschine,
die elektrischen Bohrmaschinen 87
der elektrische Fensterheber,
die elektrischen Fensterheber 152
die elektrische Feststellbremse,
die elektrischen Feststellbremsen 138
die elektrische Kühlmittelpumpe,
die elektrischen Kühlmittelpumpen 179
die elektrische Parkbremse,
die elektrischen Parkbremsen 138, 189
die elektrische Prüfwerkstatt,
die elektrischen Prüfwerkstätten 71
die elektrische Spannung, die elektrischen Spannungen 44
die elektrische Spiegelverstellung,
die elektrischen Spiegelverstellungen 152
der elektrische Steckanschluss,
die elektrischen Steckanschlüsse 173
das Elektrofahrzeug, die Elektrofahrzeuge 111
der Elektrokettenzug, die Elektrokettenzüge 76
der Elektrolötkolben, die Elektrolötkolben 89
das elektronische Stabilitätsprogramm,
die elektronischen Stabilitätsprogramme 143, 151
die elektronische Wegfahrsicherung,
die elektronischen Wegfahrsicherungen 146
die Emission, die Emissionen 52
das Emissionsanalysegerät, die Emissionsanalysegeräte 96
die Endkontrolle, die Endkontrollen 72
das Endrohr, die Endrohre 185
der Endschalldämpfer, die Endschalldämpfer 185
die Energiesparlampe, die Energiesparlampen 56
der Engländer, die Engländer 81
die EOBD-Diagnosebuchse, die EOBD-Diagnosebuchsen 136
das Erdgasfahrzeug, die Erdgasfahrzeuge 110
die Ersatzlampenbox, die Ersatzlampenboxen 128
das Ersatzrad, die Ersatzräder 126
das Ersatzteillager, die Ersatzteillager 71
der Ersatzteilservice, die Ersatzteilservices 69
der Erste-Hilfe-Kasten, die Erste-Hilfe-Kästen 27
die EU-Betriebserlaubnis, die EU-Betriebserlaubnisse 101
das Eurokennzeichen, die Eurokennzeichen 104
das Exportkennzeichen, die Exportkennzeichen 105
der Exzenterschleifer, die Exzenterschleifer 88
der/die Facharbeiter/-in, die Facharbeiter/-innen 66
der/die Fachkraft für Lagerlogistik,
die Fachkräfte für Lagerlogistik 64
der/die Fachlagerist/-in, die Fachlageristen/-innen 64
die Fahrerlaubnisklasse, die Fahrerlaubnisklassen 124
die fahrbare Werkbank, die fahrbaren Werkbänke 79
der Fahrerairbag, die Fahrerairbags 137
der Fahrersitz, die Fahrersitze 134
die Fahrertür, die Fahrertüren 157
die Fahrgemeinschaft, die Fahrgemeinschaften 60
die Fahrgestellnummer, die Fahrgestellnummern 106
der Fahrprogrammschalter, die Fahrprogrammschalter 137
die Fahrtrichtungsanzeige, die Fahrtrichtungsanzeigen 145
die Fahrwerksvermessung, die Fahrwerksvermessungen 96
das Fahrwerksvermessungsgerät,
die Fahrwerksvermessungsgeräte 96
die Fahrzeugabnahme, die Fahrzeugabnahmen 68
die Fahrzeugaufbereitung, die Fahrzeugaufbereitungen 71
die Fahrzeugbatterie, die Fahrzeugbatterien 174
die Fahrzeugbeleuchtung, die Fahrzeugbeleuchtungen 145
die Fahrzeugbreite, die Fahrzeugbreiten 121
der Fahrzeugbrief, die Fahrzeugbriefe 102
der Fahrzeug-Datenträger, die Fahrzeug-Datenträger 106
die Fahrzeugdiagnose, die Fahrzeugdiagnosen 70
das Fahrzeugdokument, die Fahrzeugdokumente 102
die Fahrzeugfront, die Fahrzeugfronten 154
die Fahrzeuggeschwindigkeit,
die Fahrzeuggeschwindigkeiten 21
das Fahrzeugheck, die Fahrzeughecks 161
die Fahrzeughöhe, die Fahrzeughöhen 121
die Fahrzeugidentifikationsnummer,
die Fahrzeugidentifikationsnummern 106
der/die Fahrzeuginnenausstatter/-in,
die Fahrzeuginnenausstatter/-innen 63
die Fahrzeuginstandhaltung,
die Fahrzeuginstandhaltungen 67
die Fahrzeugkombination, die Fahrzeugkombinationen 114
der Fahrzeuglack, die Fahrzeuglacke 154
der/die Fahrzeuglackierer/-in, die Fahrzeuglackierer/-innen 63
die Fahrzeuglänge, die Fahrzeuglängen 121
die Fahrzeugprüffläche, die Fahrzeugprüfflächen 94
der Fahrzeugschein, die Fahrzeugscheine 102
die Fahrzeugübergabe, die Fahrzeugübergaben 69
der Fahrzeugverkauf, die Fahrzeugverkäufe 69
die Fahrzeug-Zulassungsverordnung 99
die Farbe, die Farben 3
das Faserseil, die Faserseile 77
das Federbein, die Federbeine 190
das Federbeinstützlager, die Federbeinstützlager 190
die Feder-Dämpfer-Einheit,
die Feder-Dämpfer-Einheiten 190
die Feile, die Feilen 85
der/das Feinfilter, die Feinfilter 181
die Feinstaubplakette, die Feinstaubplaketten 101
die Felge, die Felgen 192
der Felgendurchmesser, die Felgendurchmesser 193
der Fensterheber, die Fensterheber 133, 152
die Fensterkurbel, die Fensterkurbeln 133
die Fernentriegelung, die Fernentriegelungen 139
das Fernlicht, die Fernlichter 146, 149, 164
der Fernscheinwerfer, die Fernscheinwerfer 164
der Fertigschneider, die Fertigschneider 86
das Festgelenk, die Festgelenke 189
die Feststellbremse, die Feststellbremsen 144

der Feststellbremshebel, die Feststellbremshebel 138
das Feststellbremspedal, die Feststellbremspedale 138
das Feuer, die Feuer 26
die Feuerleiter, die Feuerleitern 47
die Feuerlöschdecke, die Feuerlöschdecken 126
der Feuerlöscher, die Feuerlöscher 30, 47, 125
der Feuermelder, die Feuermelder 47
die Feuerwehr, die Feuerwehren 27
der Flachwinkel, die Flachwinkel 90
der Flaschenzug, die Flaschenzüge 76
die Fleecejacke, die Fleecejacken 35
die Flex, die Flex 87
der flexible Magnetgreifer, die flexiblen Magnetgreifer 74
der Flucht- und Rettungsplan, die Flucht- und Rettungspläne 30
das Flüssiggasfahrzeug, die Flüssiggasfahrzeuge 110
das Flussmittel, die Flussmittel 89
die Fondtür, die Fondtüren 160
die Födereinheit, die Födereinheiten 185
die Förderleitung, die Förderleitungen 185
der Franzose, die Franzosen 81
die freie Werkstatt, die freien Werkstätten 61
der Freitag, die Freitage 5
der Frontlautsprecher, die Frontlautsprecher 140
die Frontscheibe, die Frontscheiben 156
die Frontscheibenheizung, die Frontscheibenheizungen 151, 157
die Frontscheibenreinigungsanlage, die Frontscheibenreinigungsanlagen 149
die Frontschürze, die Frontschürzen 155
der Frontschutzbügel, die Frontschutzbügel 155
die Frontstoßstange, die Frontstoßstangen 155
der/die Frost/niedrige Temperatur, die Fröste/niedrigen Temperaturen 44
der Frühling, die Frühlinge 11
die Frühschicht, die Frühschichten 12
die Fühlerlehre, die Fühlerlehren 90
der Führungslenker, die Führungslenker 186
das Fuhrunternehmen, die Fuhrunternehmen 60
die Fünflenker-Hinterradaufhängung, die Fünflenker-Hinterradaufhängungen 188
der Fuß, die Fuß 18
die Fußmatte, die Fußmatten 139
der Fußmattenschoner, die Fußmattenschoner 74
der Fußraum, die Fußräume 138
die Fußraumbeleuchtung, die Fußraumbeleuchtungen 138
der Fußraumschoner, die Fußraumschoner 74
der Gabelschlüssel, die Gabelschlüssel 81
der Gabelstapler, die Gabelstapler 78
die Gallone, die Gallonen 20
die Ganganzeige, die Ganganzeigen 137
der Ganzjahresreifen, die Ganzjahresreifen 195
die Gasentladungslampe für Abblendlicht und Fernlicht (D1S, D2S), die Gasentladungslampen für Abblendlicht und Fernlicht (D1S, D2S) 168
die Gasentladungslampe für Abblendlicht (D1R, D2R), die Gasentladungslampen für Abblendlicht (D1R, D2R) 168, 169
die Gasmaske, die Gasmasken 33
das Gaspedal, die Gaspedale 139
der Gebläseregler, die Gebläseregler 153
das Gebot, die Gebote 37
das Gebotszeichen, die Gebotszeichen 40
die Gefahrentafel für Gefahrgut-Kraftfahrzeuge, die Gefahrentafeln für Gefahrgut-Kraftfahrzeuge 52
die Gefahrgutklasse, die Gefahrgutklassen 50
der gefährliche Abfall, die gefährlichen Abfälle 55
das Gehaltskonto, die Gehaltskonten 23
der Gehörschützer, die Gehörschützer 33
der Gehörschutzstöpsel, die Gehörschutzstöpsel 33
das gekappte Kabel, die gekappten Kabel 173
der gekröpfte Ringschlüssel, die gekröpften Ringschlüssel 81
der Geländewagen, die Geländewagen 113
die gelbe Einfadenlampe für Bremslicht, Blinklicht, Nebelschlusslicht oder Rückfahrlicht: PY21W, die gelben Einfadenlampen für Bremslicht, Blinklicht, Nebelschlusslicht oder Rückfahrlicht: PY21W 169
die gelbe Zweifadenlampe für Bremslicht und Schlusslicht: PY21/5W, die gelben Zweifadenlampen für Bremslicht und Schlusslicht: PY21/5W 169
der Geldautomat, die Geldautomaten 24
der Geldschein, die Geldscheine 23
der Gelenkbus, die Gelenkbusse 115
die Gelenkwelle, die Gelenkwellen 189
die gelochte Bremsscheibe, die gelochten Bremsscheiben 188
der Generator, die Generatoren 144
die genutete Bremsscheibe, die genuteten Bremsscheiben 188
das Gesamtgewicht, die Gesamtgewichte 123
die Gesamtmasse, die Gesamtmassen 123
der/die Geschäftsführer/-in, die Geschäftsführer/-innen 65
die Geschäftsleitung, die Geschäftsleitungen 65
der Geschwindigkeits-Index, die Geschwindigkeits-Indizes 193
der Geschwindigkeitsmesser, die Geschwindigkeitsmesser 143
die Geschwindigkeitsregel(ungs)anlage, die Geschwindigkeitsregel(ungs)anlagen 149
das Geschwindigkeitsschild, die Geschwindigkeitsschilder 106
der/die Geselle/-in, die Gesellen/-innen 66
die geteilt umklappbare Rücksitzbank, die geteilt umklappbaren Rücksitzbänke 135

die geteilt umlegbare Rücksitzlehne,
die geteilt umlegbaren Rücksitzlehnen 135
die getönte Scheibe, die getönten Scheiben 160
der Getränkehalter, die Getränkehalter 132
der Gewindebohrer, die Gewindebohrer 86
der Gewindeschneider, die Gewindeschneider 86
das Gewindeschneidzeug, die Gewindeschneidzeuge 86
der Giftnotruf, die Giftnotrufe 27
die Giro-Karte, die Giro-Karten 23
das Girokonto, die Girokonten 23
das Glasschiebedach, die Glasschiebedächer 134
die Glassicherung, die Glassicherungen 170
das Gleichlaufgelenk, die Gleichlaufgelenke 189
der Gliedermaßstab, die Gliedermaßstäbe 91
die Glühbirne, die Glühbirnen 166
die Glüh(stift)kerze, die Glüh(stift)kerzen 182
die Glühlampe, die Glühlampen 166
das Grad Celsius, die Grad Celsius 21
das Grad Fahrenheit, die Grad Fahrenheit 21
das Gramm, die Gramme 16
die Gripzange, die Gripzangen 83
die Großraumlimousine, die Großraumlimousinen 114
das grüne Kennzeichen, die grünen Kennzeichen 104
die gummibeschichtete Auflage,
die gummibeschichteten Auflagen 76
die Gurtbenutzungserkennung,
die Gurtbenutzungserkennungen 144
die Gurthöhenverstellung, die Gurthöhenverstellungen 136
das Gurtschloss, die Gurtschlösser 136
der Gurtwarner, die Gurtwarner 144
das Gussrad, die Gussräder 192
das Haarlineal, die Haarlineale 90
die Hakenkupplung, die Hakenkupplungen 120
der Hakenschlüssel, die Hakenschlüssel 80
die Halogenlampe, die Halogenlampen 166
das Halogenlicht, die Halogenlichter 166
der Hammer, die Hämmer 83
die Handblechschere, die Handblechscheren 84
die Handbremse, die Handbremsen 144
der Handbremshebel, die Handbremshebel 138
die Handbügelsäge, die Handbügelsägen 85
der Handgabel-Hubwagen, die Handgabel-Hubwagen 78
der Handgriff, die Handgriffe 133
die Handhebelschere, die Handhebelscheren 85
die Handlampe, die Handlampen 75
das Händlerkennzeichen, die Händlerkennzeichen 104
der Handscheinwerfer, die Handscheinwerfer 127
das Handschuhfach, die Handschuhfächer 132
das Handwerkzeug, die Handwerkzeuge 79
das Hartgeld, die Hartgelder 23
der Hauptbehälter, die Hauptbehälter 185
der/das Hauptfilter, die Hauptfilter 185
das Hauptlicht, die Hauptlichter 148
die Hauptuntersuchung, die Hauptuntersuchungen 100
das Hebeband, die Hebebänder 77
die Hebebühne, die Hebebühnen 75
das Heck, die Hecks 161
die Heckklappe, die Heckklappen 145, 161
der Hecklautsprecher, die Hecklautsprecher 140
die Heckscheibe, die Heckscheiben 161
die Heckscheibenheizung,
die Heckscheibenheizungen 151, 161
die Heckscheibenreinigungsanlage,
die Heckscheibenreinigungsanlagen 149
der Heckscheibenwischer, die Heckscheibenwischer 149
die Heckschürze, die Heckschürzen 162
der Heckschutzbügel, die Heckschutzbügel 162
der Heckspoiler, die Heckspoiler 154
die Heckstoßstange, die Heckstoßstangen 162
der Heckwischer, die Heckwischer 149
das Heißluftgebläse, die Heißluftgebläse 74
der Hemmschuh, die Hemmschuhe 128
der Herbst, die Herbste 11
der Herstellerschlüssel, die Herstellerschlüssel 107
die Herstellerschlüsselnummer,
die Herstellerschlüsselnummern 107
das Herstellungsdatum, die Herstellungsdaten 193
das Hilfsmittel, die Hilfsmittel 73
das hintere Blinklicht, die hinteren Blinklichter 165
der hintere Fensterheber, die hinteren Fensterheber 152
der hintere Kotflügel, die hinteren Kotflügel 154
der hintere Stoßfänger, die hinteren Stoßfänger 162
die Hinterradaufhängung, die Hinterradaufhängungen 188
das Hitze(schutz)blech, die Hitze(schutz)bleche 184
das H-Kennzeichen, die H-Kennzeichen 104
die Hochdruckpumpe, die Hochdruckpumpen 181
der Hochdruckreiniger, die Hochdruckreiniger 74
die Hochleistungssicherung,
die Hochleistungssicherungen 171
das Höhen-Breiten-Verhältnis,
die Höhen-Breiten-Verhältnisse 193
das Hosenrohr, die Hosenrohre 184
der Hubwagen, die Hubwagen 78
die Hupe, die Hupen 148
das Hybridauto, die Hybridautos 111
das Hybridfahrzeug, die Hybridfahrzeuge 111
der Hydrant, die Hydranten 32
der hydraulische Heber, die hydraulischen Heber 75
der hydraulische Rangierwagenheber,
die hydraulischen Rangierwagenheber 75
der hydraulische Werkstattkran,
die hydraulischen Werkstattkräne 76
die ideale Handblechschere,
die idealen Handblechscheren 84
die Immission, die Immissionen 52

der in Wagenfarbe lackierte Stoßfänger, die in Wagenfarbe lackierten Stoßfänger 155
der Inbusschlüssel, die Inbusschlüssel 82
der Index, die Indizes 193
die indirekte Mehrpunkteinspritzung, die indirekten Mehrpunkteinspritzungen 180
die innenbelüftete Bremsscheibe, die innenbelüfteten Bremsscheiben 188
die Innenleuchte, die Innenleuchten 134
der Innenrückspiegel, die Innenrückspiegel 133
der Innensechskantschlüssel/Winkelschlüssel, die Innensechskantschlüssel/Winkelschlüssel 82
die Inspektion, die Inspektionen 67
der Inspektionsplan, die Inspektionspläne 108
die Instandsetzung, die Instandsetzungen 67
die Instrumentenbeleuchtung, die Instrumentenbeleuchtungen 147
die Instrumententafel, die Instrumententafeln 131
der integrierte Kindersitz, die integrierten Kindersitze 135
das internationale KFZ-Kennzeichen, die internationalen KFZ-Kennzeichen 106
der Intervallschalter, die Intervallschalter 150
die Isolierung, die Isolierungen 80
das Jahr, die Jahre 9
die Jahreszeit, die Jahreszeiten 11
das Jahrhundert, die Jahrhunderte 12
das Jahrtausend, die Jahrtausende 12
das Jahrzehnt, die Jahrzehnte 12
das Kabel, die Kabel 173
der Kabelbaum, die Kabelbäume 172
der Kabelbinder, die Kabelbinder 173
das Kabelmesser, die Kabelmesser 84
der Kabelschuh, die Kabelschuhe 174
das Kabriolett, die Kabrioletts 113
der Kalender, die Kalender 5
das Kalenderjahr, die Kalenderjahre 9
die Kalenderwoche, die Kalenderwochen 5
der Kantenschutz (bei Drahtseilen, bei Hebebändern, bei Ketten), die Kantenschutze bei Ketten (bei Drahtseilen, bei Hebebändern, bei Ketten) 77
der Karabinerhaken, die Karabinerhaken 129
das Karbonteil, die Karbonteile 154
das Kardangelenk, die Kardangelenke 80
die Kardanwelle, die Kardanwellen 189
der/die Karosserie- und Fahrzeugbaumechaniker/-in, die Karosserie- und Fahrzeugbaumechaniker/-innen 63
der/die Karosseriebauer/-in, die Karosseriebauer/-innen 63
die Karosserie(-Reparatur)werkstatt, die Karosserie(-Reparatur)werkstätten 62
das Kartenlesegerät, die Kartenlesegeräte 24
der Kassenbereich, die Kassenbereiche 70
das Katzenauge, die Katzenaugen 165
der/die Kaufmann/-frau für Büromanagement, die Kaufmänner/-frauen für Büromanagement 67
der Keil(rippen)riemen, die Keil(rippenriemen) 176
die Keilrippenriemenscheibe, die Keilrippenriemenscheiben 176
das Kennzeichen, die Kennzeichen 104, 105
das Kennzeichen für Elektrofahrzeuge, die Kennzeichen für Elektrofahrzeuge 105
die Kennzeichenbeleuchtung, die Kennzeichenbeleuchtungen 165
das Kennzeichenlicht, die Kennzeichenlichter 165
das Kennzeichnungsschild für Anschlagketten, die Kennzeichnungsschilder für Anschlagketten 77
die Keramik-Bremsscheibe, die Keramik-Bremsscheiben 188
der Kettenzug, die Kettenzüge 76
das KFZ, die KFZ 109
der/die KFZ-Gutachter/-in, die KFZ-Gutachter/-innen 66
der KFZ-Hersteller, die KFZ-Hersteller 60
der/die KFZ-Mechaniker/-in, die KFZ-Mechaniker/-innen 62
der/die KFZ-Mechatroniker/-in, die KFZ-Mechatroniker/-innen 62
der/die KFZ-Meister/-in, die KFZ-Meister/-innen 66
der KFZ-Meisterbetrieb, die KFZ-Meisterbetriebe 61
der/die KFZ-Sachverständige, die Sachverständigen 66
die die KFZ-Vertragswerkstatt, die KFZ-Vertragswerkstätten 61
das Kilogramm, die Kilogramme 17
der Kilometer, die Kilometer 18
der Kilometer pro Stunde, die Kilometer pro Stunde 21
der Kilometerstand, die Kilometerstände 107
der Kilometerzähler, die Kilometerzähler 142
die Kilowattstunde, die Kilowattstunden 22
die Kindersicherung, die Kindersicherungen 133
der Kindersitz, die Kindersitze 135
der Klapptisch, die Klapptische 135
die Klasse (A und AM: Kraftrad, B: Personenkraftwagen, C: Lastkraftwagen, D: Kraftomnibus, L und T: Landmaschine und Forstmaschine), die Klassen (A und AM, B, C, D, L und T) 124
der Kleinbus, die Kleinbusse 114
das Kleinkraftrad, die Kleinkrafträder 112
die (manuelle/automatische) Klimaanlage ein/aus, die (manuellen/automatischen) Klimaanlagen ein/aus 153
das Klimabedienteil, die Klimabedienteile 153
das Klimaservicegerät, die Klimaservicegeräte 96
die Knarre, die Knarren 80
die Kneifzange, die Kneifzangen 83
der Kofferraum, die Kofferräume 161
die Kofferraumabdeckung, die Kofferraumabdeckungen 141
die Kofferraumbeleuchtung, die Kofferraumbeleuchtungen 141
der Kofferraumdeckel, die Kofferraumdeckel 161

das Kofferraum(deckel)schloss,
die Kofferraum(deckel)schlösser 162
die Kofferraum(-Fern)entriegelung,
die Kofferraum(-Fern)entriegelungen 139
das Kofferraumscharnier, die Kofferraumscharniere 161
die Kofferraumsteckdose, die Kofferraumsteckdosen 141
die Kofferraumwanne, die Kofferraumwannen 141
das kohlefaserverstärkte Teil,
die kohlefaserverstärkten Teile 154
der KOM, die KOM 114
der Kombi, die Kombis 113
die Kombi(nations)zange, die Kombi(nations)zangen 130
das Kombinationszeichen, die Kombinationszeichen 47
das Kompressionsdruckdiagramm,
die Kompressionsdruckdiagramme 93
das Kompressions(druck)prüfgerät,
die Kompressions(druck)prüfgeräte 93
der Kompressionsdruckschreiber,
die Kompressionsdruckschreiber 93
das Konsulatskennzeichen, die Konsulatskennzeichen 105
das Konsulats-Zusatzschild,
die Konsulats-Zusatzschilder 106
der Kontoauszug, die Kontoauszüge 23
der Kopfairbag, die Kopfairbags 137
die Kopfstütze, die Kopfstützen 134
der Körner, die Körner 83
der Kostenvoranschlag, die Kostenvoranschläge 68
der Kotflügel, die Kotflügel 154
der Kotflügelschoner, die Kotflügelschoner 73
die Kraft, die Kräfte 22
das Kraftfahrzeug, die Kraftfahrzeuge 109
der Kraftomnibus, die Kraftomnibusse 114
das Kraftrad, die Krafträder 112
der Kraftstoffbehälter, die Kraftstoffbehälter 185
der Kraftstoff-Einfüllstutzen,
die Kraftstoff-Einfüllstutzen 162
die Kraftstoff-Einspritzleitung,
die Kraftstoff-Einspritzleitungen 181
das Kraftstoff-Einspritzventil,
die Kraftstoff-Einspritzventile 181
der/das Kraftstoff(-Fein)filter, die Kraftstoff(-Fein)filter 181
die Kraftstoff-Fördereinheit,
die Kraftstoff-Fördereinheiten 185
die Kraftstoff-Förderleitung,
die Kraftstoff-Förderleitungen 185
der/das Kraftstoffhauptfilter, die Kraftstoffhauptfilter 185
die Kraftstoffreserve, die Kraftstoffreserven 144
der Kraftstofftank, die Kraftstofftanks 185
die Kraftstoffvorratsanzeige,
die Kraftstoffvorratsanzeigen 142
der Krankenschein, die Krankenscheine 13
die Krankentrage, die Krankentragen 46
die Krankschreibung, die Krankschreibungen 13
die Kreditkarte, die Kreditkarten 24
der Kreuzschlitz-Schraubendreher,
die Kreuzschlitz-Schraubendreher 80
der Krümmer, die Krümmer 182
der Kubikdezimeter, die Kubikdezimeter 20
der Kubikmeter, die Kubikmeter 20
der Kubikmillimeter, die Kubikmillimeter 19
der Kubikzentimeter, die Kubikzentimeter 19
das Kugelgelenk, die Kugelgelenke 186
das Kugel-Gleichlaufgelenk,
die Kugel-Gleichlaufgelenke 189
der Kugelkopf, die Kugelköpfe 119
die Kugelkopfkupplung, die Kugelkopfkupplungen 120
der Kühler, die Kühler 179
der Kühlerdeckel, die Kühlerdeckel 178
der Kühlergrill, die Kühlergrille 155
der Kühlerlüfter, die Kühlerlüfter 179
der Kühlerverschlussdeckel, die Kühlerverschlussdeckel 178
die Kühlflüssigkeit, die Kühlflüssigkeiten 177
das Kühlmittel, die Kühlmittel 177
der Kühlmittelausgleichbehälter,
die Kühlmittelausgleichbehälter 178
der Kühlmitteldruck, die Kühlmitteldrücke 144
der/das Kühlmittelfilter, die Kühlmittelfilter 178
die Kühlmittelpumpe, die Kühlmittelpumpen 179
der Kühlmittelschlauch, die Kühlmittelschläuche 178
der Kühlmittelstand, die Kühlmittelstände 178
die Kühlmitteltemperatur, die Kühlmitteltemperaturen 144
die Kühlmitteltemperaturanzeige,
die Kühlmitteltemperaturanzeigen 142, 179
das Kühlwasser, die Kühlwässer 177
der Kühlwasserschlauch, die Kühlwasserschläuche 178
die Kundenanfrage, die Kundenanfragen 68
der Kundenauftrag, die Kundenaufträge 68, 107
die Kundenberatung, die Kundenberatungen 65
der/die Kundendienstberater/-in,
die Kundendienstberater/-innen 65
das Kunststoffgranulat, die Kunststoffgranulate 54
der Kunststoffhammer, die Kunststoffhämmer 83
das Kunststoffteil, die Kunststoffteile 154
der Kupferhammer, die Kupferhämmer 83
die Kupplung, die Kupplungen 183
das Kupplungspedal, die Kupplungspedale 139
das Kurvenlicht ein/aus, die Kurvenlichter ein/aus 152, 164
das Kurzarm-T-Shirt, die Kurzarm-T-Shirts 34
das Kurzzeitkennzeichen, die Kurzzeitkennzeichen 105
der/die Lackierer/-in, die Lackierer/-innen 63
die Lackiererei, die Lackierereien 62
die Lackierwerkstatt, die Lackierwerkstätten 71
das Ladegerät, die Ladegeräte 90
die Ladekante, die Ladekanten 161
die Ladekontrolllampe, die Ladekontrolllampen 143
die Ladekontrollleuchte, die Ladekontrollleuchten 143

die Ladespannungsanzeige,
die Ladespannungsanzeigen 142
der/die Lagerist/-in, die Lagerist/-innen 66
die Lambda-Sonde, die Lambdasonden 184
der/die Land- und Baumaschinenmechatroniker/-in,
die Land- und Baumaschinenmechatroniker/-innen 62
das Langarm-T-Shirt, die Langarm-T-Shirts 34
die Längslenkerachse, die Längslenkerachsen 187
die Längswelle, die Längswellen 189
das Laserlicht, die Laserlichter 166
der Laserstrahl, die Laserstrahlen 43
der Lastanhänger, die Lastanhänger 118
der Lastkraftwagen, die Lastkraftwagen 116
der Lastkraftwagenzug, die Lastkraftwagenzüge 116
die Laufleistungsanzeige, die Laufleistungsanzeigen 142
die Laufrichtung, die Laufrichtungen 194
der Ledersitz, die Ledersitze 135
das LED-Licht, die LED-Lichter 166
die LED-Prüflampe, die LED-Prüflampen 97
das Leergewicht, die Leergewichte 123
die Leermasse, die Leermassen 123
der Lehrling, die Lehrlinge 66
das Leichtkraftfahrzeug, die Leichtkraftfahrzeuge 112
das Leichtmetallrad, die Leichtmetallräder 194
das Leichtmetall-Scheibenrad,
die Leichtmetall-Scheibenräder 192
der Lenker, die Lenker 186
das Lenkrad, die Lenkräder 131
die Lenkradfernbedienung,
die Lenkradfernbedienungen 131
die Lenkradhöhenverstellung,
die Lenkradhöhenverstellungen 131
der Lenkradschoner, die Lenkradschoner 73
die Lenkunterstützung, die Lenkunterstützungen 144
die Leselampe, die Leselampen 134
die Leuchtdiode, die Leuchtdioden 166
die Leuchtweitenregelung,
die Leuchtweitenregelungen 147
der Leuchtweitenregler, die Leuchtweitenregler 147
die Lichthupe, die Lichthupen 149
die Lichtmaschine, die Lichtmaschinen 144, 174
der Lichtschalter, die Lichtschalter 148
die Limousine, die Limousinen 112
der Linienbus, die Linienbusse 114
der/das Liter, die Liter 20
der LKW, die LKW 116
die Lochwand, die Lochwände 79
der Löschschlauch, die Löschschläuche 47
das Lot, die Lote 89
der Lötkolben, die Lötkolben 89
die Lötpaste, die Lötpasten 89
die Luftaustrittsdüse, die Luftaustrittsdüsen 131
der Luftdruckprüfer, die Luftdruckprüfer 127
der Lufterfrischer, die Lufterfrischer 132
das Luftfederbein, die Luftfederbeine 191
die Luftfeder-Dämpfer-Einheit,
die Luftfeder-Dämpfer-Einheiten 191
der/das Luftfilter, die Luftfilter 179
der Luftfilterkasten, die Luftfilterkästen 179
der Luftmassenmesser, die Luftmassenmesser 180
der Luftmassensensor, die Luftmassensensoren 180
das Lüftungsgebläse, die Lüftungsgebläse 153
das Magnetfeld, die Magnetfelder 43
der Magnetgreifer, die Magnetgreifer 74
das magnetische Feld, die magnetischen Felder 43
der Make-up-Spiegel, die Make-up-Spiegel 133
das Manometer, die Manometer 92
der manuelle Fensterheber, die manuellen Fensterheber 133
die Maulkupplung, die Maulkupplungen 120
der Maulschlüssel, die Maulschlüssel 81
die Maxi-Flachstecksicherung,
die Maxi-Flachstecksicherungen 172
die McPherson-Achse, die McPherson-Achsen 187
das McPherson-Federbein, die McPherson-Federbeine 187
der/die Mechaniker/-in für Reifen- und Vulkanisationstechnik,
die Mechaniker/-innen für Reifen- und
Vulkanisationstechnik 64
die mechanische Kühlmittelpumpe,
die mechanischen Kühlmittelpumpen 179
die mechanische Werkstatt,
die mechanischen Werkstätten 70
die Mega-Streifensicherung,
die Mega-Streifensicherungen 171
die Mehrlenkerachse, die Mehrlenkerachsen 187
die Mehrpunkteinspritzung,
die Mehrpunkteinspritzungen 180
das mehrteilige Rad, die mehrteiligen Räder 191
die Meile, die Meilen 18
die Meile pro Stunde, die Meilen pro Stunde 21
der Meißel, die Meißel 84
die Membranfederkupplung,
die Membranfederkupplungen 183
der Messschieber, die Messschieber 91, 92
die Messschraube, die Messschrauben 93
die Messuhr, die Messuhren 92
der Meter, die Meter 18
der Meter pro Sekunde, die Meter pro Sekunde 21
das Mikrofasertuch, die Mikrofasertücher 36
die Mikrometerschraube, die Mikrometerschrauben 93
das Milligramm, die Milligramme 16
der Millimeter, die Millimeter 17
die Mini-Flachstecksicherung (mit LED-Indikator),
die Mini-Flachstecksicherungen (mit LED-Indikator) 171
der Minuspol, die Minuspole 175
die Minute, die Minuten 8
der Mittag, die Mittage 7

die Mittelarmlehne, die Mittelarmlehnen 135
der Mittelschalldämpfer, die Mittelschalldämpfer 184
der Mittelschneider, die Mittelschneider 86
die Mitternacht, die Mitternächte 6
der Mittwoch, die Mittwoche 5
der mobile Diagnosetester, die mobilen Diagnosetester 95
das Mobiltelefon, die Mobiltelefone 26
der Monat, die Monate 9
der Montag, die Montage 5
das Moped, die Mopeds 112
der Morgen, die Morgen 7
die Motorabdeckung, die Motorabdeckungen 175
die Motorhaube, die Motorhauben 145, 154
die Motorhaubendämmung,
die Motorhaubendämmungen 156
das Motorhaubenemblem, die Motorhaubenembleme 154
die Motorhaubenentriegelung,
die Motorhaubenentriegelungen 138
der Motorhaubenentriegelungshebel,
die Motorhaubenentriegelungshebel 138
das Motorhaubenschloss, die Motorhaubenschlösser 155
die Motorhaubenstütze, die Motorhaubenstützen 156
der Motorkennbuchstabe, die Motorkennbuchstaben 106
der Motorkühler, die Motorkühler 179
das Motorlager, die Motorlager 176
die Motorlagerung, die Motorlagerungen 176
das Motoröl, die Motoröle 176
der Motoröldruck, die Motoröldrücke 145
der Motorölstand, die Motorölstände 145
die Motoröltemperaturanzeige,
die Motoröltemperaturanzeigen 142
das Motorrad, die Motorräder 112
der Motorroller, die Motorroller 112
der Motor-Startknopf, die Motor-Startknöpfe 147
die Motorstörung, die Motorstörungen 144
die Motortemperaturanzeige,
die Motortemperaturanzeigen 142
der Motortester, die Motortester 95
der Mülleimer, die Mülleimer 57
die Mülltonne, die Mülltonnen 57
die Multifunktionsanzeige,
die Multifunktionsanzeigen 142, 150
das Multimeter, die Multimeter 98
die Münze, die Münzen 23
der Nachmittag, die Nachmittage 7
der Nachschalldämpfer, die Nachschalldämpfer 185
die Nacht, die Nächte 7
die Nachtschicht, die Nachtschichten 13
der Nass-/Trockensauger, die Nass-/Trockensauger 74
das Nationalitätenkennzeichen,
die Nationalitätenkennzeichen 106
die Natokupplung, die Natokupplungen 120
das Navi, die Navis 141
das Navigationssystem, die Navigationssysteme 141
das Nebellicht, die Nebellichter 164, 166
der Nebellichtschalter, die Nebellichtschalter 149
das Nebelrücklicht, die Nebelrücklichter 149
der Nebelscheinwerfer, die Nebelscheinwerfer 149, 164
die Nebelschlussleuchte, die Nebelschlussleuchten 146
das Nebelschlusslicht, die Nebelschlusslichter 166
das Newton, die Newton 22
die nicht ionisierende Strahlung,
die nicht ionisierenden Strahlungen 43
der NKW, die NKW 114
der Notausgang (rechts), die Notausgänge (rechts) 30, 46
die Notausgangsvorrichtung,
die Notausgangsvorrichtungen 45
der Notausstieg mit Fluchtleiter,
die Notausstiege mit Fluchtleiter 46
der Not-Aus-Taster, die Not-Aus-Taster 52
die Notdusche, die Notduschen 46
die Notfallleuchte, die Notfallleuchten 125
der Nothammer, die Nothämmer 126
das Notrad, die Noträder 126
der Notruf, die Notrufe 26
das Notruftelefon, die Notruftelefone 45
der Nutzkraftwagen, die Nutzkraftwagen 114
die Nutzlast, die Nutzlasten 123
die OBD/EOBD-Lampe, die OBD/EOBD-Lampen 144
der obere Wasserkasten, die oberen Wasserkästen 178
der Oberleitungsbus, die Oberleitungsbusse 115
der O-Bus, die O-Busse 115
die offene Heckklappe, die offenen Heckklappen 145
die offene Motorhaube, die offenen Motorhauben 145
die offene Tür, die offenen Türen 145
der Ohrenschützer, die Ohrenschützer 33
das Ohropax, die Ohropax 33
die Ölablassschraube, die Ölablassschrauben 177
der Öl-Benzin-Abscheider, die Öl-Benzin-Abscheider 59
der Öldeckel, die Öldeckel 177
der Öldruck, die Öldrücke 145
die Öldruckpumpe, die Öldruckpumpen 177
das Oldtimerkennzeichen, die Oldtimerkennzeichen 104
der Öleinfülldeckel, die Öleinfülldeckel 177
der Öleinfüllstutzen, die Öleinfüllstutzen 177
der/das Ölfilter, die Ölfilter 177
der Ölpeilstab, die Ölpeilstäbe 177
die Ölpumpe, die Ölpumpen 177
der Ölstand, die Ölstände 145, 176
die Ölwanne, die Ölwannen 177
der Omnibuszug, die Omnibuszüge 115
die optische Strahlung, die optischen Strahlungen 45
das Oszi, die Oszi 97
das Oszilloskop, die Oszilloskope 97
die Ottomotor-Drosselklappeneinheit,
die Ottomotor-Drosselklappeneinheiten 180

das Pannenspray, die Pannensprays 12
die Parkbremse, die Parkbremsen 189
die Parkkralle, die Parkkrallen 129
das Parklicht, die Parklichter 151, 163
der Parkpilot, die Parkpiloten 146
die Parkscheibe, die Parkscheiben 129
der Parksensor, die Parksensoren 162
der Pausenraum, die Pausenräume 72
die Pendelstütze, die Pendelstützen 186
der Personenkraftwagen, die Personenkraftwagen 112
der Personenkraftwagenzug,
die Personenkraftwagenzüge 114
die persönliche Schutzausrüstung,
die persönlichen Schutzausrüstungen 32
das Pflaster, die Pflaster 28
der Phasenprüfer, die Phasenprüfer 97
der Pick-up, die Pick-ups 113
die PIN-Nummer, die PIN-Nummern 24
der PKW, die PKW 112
das PKW-Gespann, die PKW-Gespanne 114
der Pluspol, die Pluspole 175
die Portalwaschanlage, die Portalwaschanlagen 72
die Power-Streifensicherung,
die Power-Streifensicherungen 171
der Profiltiefenprüfer, die Profiltiefenprüfer 126
der Prüfbericht, die Prüfberichte 100
die Prüfbescheinigung, die Prüfbescheinigungen 100
die Prüflampe, die Prüflampen 97
die Prüfplakette, die Prüfplaketten 100
die Prüfspitze, die Prüfspitzen 97
die Prüfwerkstatt, die Prüfwerkstätten 71
das Prüfzeichen, die Prüfzeichen 102
die Puksäge, die Puksägen 84
die Pullman-Limousine, die Pullman-Limousinen 113
das Putztuch, die Putztücher 36
das Quad, die Quads 112
der Quadratmeter, die Quadratmeter 19
der Quadratmillimeter, die Quadratmillimeter 19
der Quadratzentimeter, die Quadratzentimeter 19
das Quartal, die Quartale 11
der Quergriff mit Gleitstück, die Quergriffe mit Gleitstück 80
die Quetschgefahr, die Quetschgefahren 44
das Rad, die Räder 191, 192
die Rad(aus-)wuchtmaschine,
die Rad(aus-)wuchtmaschinen 94
die Radaufhängung, die Radaufhängungen 186
der Radialreifen, die Radialreifen 194
das Radkreuz, die Radkreuze 130
die Radmutter, die Radmuttern 194
der Radmutternschlüssel, die Radmutternschlüssel 130
der Radschlüssel, die Radschlüssel 130
die Radschraube, die Radschrauben 194
das Radschraubenschloss, die Radschraubenschlösser 194
die Radschüssel, die Radschüsseln 192
der Radstand, die Radstände 122
die Radzierblende, die Radzierblenden 193
der Rammschutzbügel, die Rammschutzbügel 162
die Rammschutzleiste, die Rammschutzleisten 154
der Rampenwinkel, die Rampenwinkel 122
der Rangierwagenheber, die Rangierwagenheber 75
die Ratsche, die Ratschen 80
der Rauchmelder, die Rauchmelder 29
die Rechnung, die Rechnungen 69
die Regelklappe, die Regelklappen 180
der Regensensor, die Regensensoren 150
der Reifen, die Reifen 192
das Reifen(de-)montiergerät,
die Reifen(de-)montiergeräte 90
die Reifenbauart, die Reifenbauarten 193
die Reifenbreite, die Reifenbreiten 193
das Reifendruckkontrollsystem,
die Reifendruckkontrollsysteme 143, 151
der Reifendruckprüfer, die Reifendruckprüfer 92
das Reifenfülldruck-Messgerät,
die Reifenfülldruck-Messgeräte 92
der Reifenluftdruck, die Reifenluftdrücke 143
das Reifen-Reparaturspray,
die Reifen-Reparatursprays 126
der Reisebus, die Reisebusse 115
das Reisemobil, die Reisemobile 114
das Relais, die Relais 172
der Reparaturablauf, die Reparaturabläufe 67
die Reparaturannahme, die Reparaturannahmen 70
der Reparaturauftrag, die Reparaturaufträge 68
der Reservekanister, die Reservekanister 128
das Reserverad, die Reserveräder 126
der Rettungsausstieg, die Rettungsausstiege 46
die Rettungsdecke, die Rettungsdecken 125
der Rettungsdienst, die Rettungsdienste 27
der Rettungsweg, die Rettungswege 30
das Rettungszeichen, die Rettungszeichen 45
der Ring-Gabelschlüssel, die Ring-Gabelschlüssel 81
der Ring-Maulschlüssel, die Ring-Maulschlüssel 81
der Ringschlüssel, die Ringschlüssel 81
der Roadster, die Roadster 113
die Rohrzange, die Rohrzangen 82, 130
das Rollbandmaß, die Rollbandmaße 91
der Rollenbremsprüfstand, die Rollenbremsprüfstände 97
der Rollgabelschlüssel, die Rollgabelschlüssel 81
das rote Kennzeichen, die roten Kennzeichen 104
das rote Oldtimerkennzeichen,
die roten Oldtimerkennzeichen 104
das Rück(fahr)licht, die Rück(fahr)lichter 165
der Rückfahrscheinwerfer, die Rückfahrscheinwerfer 165
der Rücksitz, die Rücksitze 135
die Rücksitzbank, die Rücksitzbänke 135

die Rücksitzlehne, die Rücksitzlehnen 135
der Rückspiegel, die Rückspiegel 158
der Rückstrahler, die Rückstrahler 165
die Rundschlinge, die Rundschlingen 77
die Rundstahlkette, die Rundstahlketten 77
die Rutschgefahr, die Rutschgefahren 44
die Säge, die Sägen 85
das Sägeblatt, die Sägeblätter 85
das Saisonkennzeichen, die Saisonkennzeichen 104
der Sammelbehälter, die Sammelbehälter 56
die Sammelstelle, die Sammelstellen 45
der Samstag, die Samstage 5
der Sani-Kasten, die Sani-Kästen 125
der Sattelanhänger, die Sattelanhänger 117
das Sattelkraftfahrzeug, die Sattelkraftfahrzeuge 116
die Sattelkupplung, die Sattelkupplungen 121
die Sattellast, die Sattellasten 123
der Sattelzug, die Sattelzüge 117
die Sattelzugmaschine, die Sattelzugmaschinen 116
die Saugdüse, die Saugdüsen 74
die Säulenbohrmaschine, die Säulenbohrmaschinen 87
der Schaber, die Schaber 84
das Schaden(s)gutachten, die Schaden(s)gutachten 67
der Schäkel, die Schäkel 129
der Schalthebel für Schaltgetriebe,
die Schalthebel für Schaltgetriebe 137
der Schaltknüppel, die Schaltknüppel 137
der Schaltplan, die Schaltpläne 108
das Scheckheft, die Scheckhefte 103
die Scheibe, die Scheiben 160
die Scheibenantenne, die Scheibenantennen 159
die Scheibenbremse, die Scheibenbremsen 188
die Scheibendichtung, die Scheibendichtungen 157
das Scheibenrad, die Scheibenräder 192, 193
die Scheibenwaschanlage, die Scheibenwaschanlagen 149
die Scheibenwaschdüse, die Scheibenwaschdüsen 156
die Scheibenwaschflüssigkeit,
die Scheibenwaschflüssigkeiten 182
der Scheibenwaschflüssigkeits-Vorratsbehälter,
die Scheibenwaschflüssigkeits-Vorratsbehälter 182
der Scheibenwaschwasserstand,
die Scheibenwaschwasserstände 145
der Scheibenwischer, die Scheibenwischer 149
der Scheibenwischerarm, die Scheibenwischerarme 156
das Scheibenwischerblatt, die Scheibenwischerblätter 156
der Scheibenwischergummi,
die Scheibenwischergummis 156
die Scheibenwischerverzögerung,
die Scheibenwischerverzögerungen 150
der Scheibenwischer-Intervallschalter,
die Scheibenwischer-Intervallschalter 150
der Scheinwerfer, die Scheinwerfer 163
das Scheinwerfereinstell(-Prüf)gerät,
die Scheinwerfereinstell(-Prüf)geräte 94
die Scheinwerferlampe, die Scheinwerferlampen 56
die Scheinwerferreinigung,
die Scheinwerferreinigungen 151
die Scheinwerfer-Reinigungsanlage,
die Scheinwerfer-Reinigungsanlagen 151, 163
die Scheinwerferwaschanlage,
die Scheinwerferwaschanlagen 163
die Scheren-Hebebühne, die Scheren-Hebebühnen 75
das Schiebe(- und Ausstell)dach,
die Schiebe(- und Ausstell)dächer 134
die Schieb(e)lehre, die Schieb(e)lehren 91, 92
der Schlagschrauber, die Schlagschrauber 89
das Schlauchband, die Schlauchbänder 178
die Schlauchschelle, die Schlauchschellen 178
der Schleifbock, die Schleifböcke 88
die Schleifscheibe, die Schleifscheiben 88
der Schlitz-Schraubendreher,
die Schlitz-Schraubendreher 79
der Schlosserhammer, die Schlosserhämmer 83
das Schlusslicht, die Schlusslichter 165
der Schmutzlappen, die Schmutzlappen 36
die Schneekette, die Schneeketten 128
die Schneeschaufel, die Schneeschaufeln 129
die Schräghecklimousine, die Schräghecklimousinen 113
die Schräglenkerachse, die Schräglenkerachsen 187
der Schraubendreher, die Schraubendreher 79, 80, 130
der Schraubendrehereinsatz,
die Schraubendrehereinsätze 80
die Schraubenfeder, die Schraubenfedern 190
der Schraubenschlüssel, die Schraubenschlüssel 81
die Schraubenwinde, die Schraubenwinden 75
der Schraubenzieher, die Schraubenzieher 130
der Schraubstock, die Schraubstöcke 74
die Schutzbrille, die Schutzbrillen 32
der Schutzhandschuh, die Schutzhandschuhe 32
der Schutzhelm, die Schutzhelme 33
die Schutzkappe, die Schutzkappen 194
die schwebende Last, die schwebenden Lasten 44
die Schweißerbrille, die Schweißerbrillen 33
die Schweißerschutzbrille, die Schweißerschutzbrillen 33
der Schweller, die Schweller 159
das Schwungrad, die Schwungräder 175
der SD-Speicherkartenschacht,
die SD-Speicherkartenschächte 140
der Seitenairbag, die Seitenairbags 137
der Seitenblinker, die Seitenblinker 164
die Seitenscheibe, die Seitenscheiben 157
der Seitenschneider, die Seitenschneider 82
die Seitenschwellerverkleidung,
die Seitenschwellerverkleidungen 159
das seitliche Blinklicht, die seitlichen Blinklichter 164

die Sekunde, die Sekunden 8
das Serviceheft, die Servicehefte 103
der/die Serviceleiter/-in, die Serviceleiter/-innen 65
die Servolenkung, die Servolenkungen 144
das Sicherheitsdatenblatt, die Sicherheitsdatenblätter 59
die Sicherheitsfarbe, die Sicherheitsfarben 37
der Sicherheitsgurt, die Sicherheitsgurte 136
die Sicherheitsprüfung, die Sicherheitsprüfungen 100
der Sicherheitsschuh, die Sicherheitsschuhe 32
das Sicherheitszeichen, die Sicherheitszeichen 37
die Sicherung für hintere Fensterheber, die Sicherungen für hintere Fensterheber 152
die Sicherung, die Sicherungen 170, 171, 172
der Sicherungskasten, die Sicherungskästen 140
die Sicherungsringzange innen/außen, die Sicherungsringzangen innen/außen 82
die siebenpolige Anhängersteckdose, die siebenpoligen Anhängersteckdosen 119
der siebenpolige Anhängerstecker, die siebenpoligen Anhängerstecker 120
das Signalhorn, die Signalhörner 148
die (manuelle/elektrische) Sitzheizung, die (manuellen/elektrischen) Sitzheizungen 151
die (manuelle/elektrische) Sitzhöhenverstellung, die (manuelle/elektrische) Sitzhöhenverstellungen 136, 153
die (manuelle/elektrische) Sitzlängsverstellung, die (manuellen/elektrischen) Sitzlängsverstellungen 135, 153
die (manuelle/elektrische) Sitzlehnenneigungsverstellung, die (manuellen/elektrischen) Sitzlehnenneigungsverstellungen 136, 153
die (elektrische) Sitzneigungsverstellung, die (elektrischen) Sitzneigungsverstellungen 153
der Sitzschoner, die Sitzschoner 74
das Smartphone, die Smartphones 26
die SMS-TAN, die SMS-TANs 25
die Soffittenlampe, die Soffittenlampen 170
die Softshelljacke, die Softshelljacken 36
das Solarfahrzeug, die Solarfahrzeuge 110
der Sommer, die Sommer 11
der Sommerreifen, die Sommerreifen 195
die Sonnenblende, die Sonnenblenden 133
der Sonntag, die Sonntage 5
die Spaltlehre, die Spaltlehren 90
der Spanngurt, die Spanngurte 129
die Spannmutter, die Spannmuttern 85
der Spannungsprüfer, die Spannungsprüfer 97
die Spätschicht, die Spätschichten 12
die Spedition, die Speditionen 60
das Speichenrad, die Speichenräder 191
der Spezialanhänger, die Spezialanhänger 118
der Spezialbus, die Spezialbusse 115
der Speziallastkraftwagen, die Speziallastkraftwagen 116
das Spiegelglas, die Spiegelgläser 158
die Spiegelheizung, die Spiegelheizungen 150
die Spiegelverstellung, die Spiegelverstellungen 152
die Spitzzange, die Spitzzangen 83
der Splinttreiber, die Splinttreiber 84
der Spoiler, die Spoiler 155
das Sportfahrwerk, die Sportfahrwerke 190
der Sportwagen, die Sportwagen 113
die SP-Prüfmarke, die SP-Prüfmarken 101
die Sprinkleranlage, die Sprinkleranlagen 32
das SP-Schild, die SP-Schilder 101
die Spurstange, die Spurstangen 186
die Spurweite, die Spurweiten 122
der Stabilisator, die Stabilisatoren 191
das Stahldrahtseil, die Stahldrahtseile 77
die Stahlfelge, die Stahlfelgen 193
das Stahllineal, die Stahllineale 91
der Stahlmaßstab, die Stahlmaßstäbe 91
das Stahlrad, die Stahlräder 194
das Stahl-Scheibenrad, die Stahl-Scheibenräder 193
die Standard-Flachstecksicherung (mit LED-Indikator), die Standard-Flachstecksicherungen (mit LED-Indikator) 171
die Standheizung, die Standheizungen 152
das Standlicht, die Standlichter 148
der Stapler, die Stapler 78
die Starrachse, die Starrachsen 187
der Starter, die Starter 175
das Starthilfekabel, die Starthilfekabel 127
der Startknopf, die Startknöpfe 147
die Start-Stopp-Automatik ein/aus, die Start-Stopp-Automatiken ein/aus 147, 152
die Staubmanschette, die Staubmanschetten 190
der Steckgriff mit Vierkant, die Steckgriffe mit Vierkant 80
der Steckschlüssel, die Steckschlüssel 80
der Steckschlüssel-Schoneinsatz für Schlagschrauber, die Steckschlüssel-Schoneinsätze für Schlagschrauber 89
die Steuerkette, die Steuerketten 175
die Steuerkettenabdeckung, die Steuerkettenabdeckungen 175
die Stichsäge, die Stichsägen 89
der Stoßfänger, die Stoßfänger 155, 162
die Stoßstange, die Stoßstangen 155
die Straßenverkehrsordnung 99
die Straßenverkehrszulassungsordnung 99
die Streifensicherung, die Streifensicherungen 170
die Stretchlimousine, die Stretchlimousinen 113
der Stromdieb, die Stromdiebe 174
der Stromlaufplan, die Stromlaufpläne 108
die Strommesszange, die Strommesszangen 98
das Stromstärke-Zangenmessgerät, die Stromstärke-Zangenmessgeräte 98

der Stromverbrauch, die Stromverbräuche 22
die Stunde, die Stunden 8
der Stundenkilometer, die Stundenkilometer 21
die Stützlast, die Stützlasten 119
die Super-Mini-Flachstecksicherung (mit LED-Indikator), die Super-Mini-Flachstecksicherungen (mit LED-Indikator) 171
das/der SUV, die SUV 113
der/das Tachometer, die Tachometer 143
der Tachostand, die Tachostände 107
der Tag, die Tage 9
das Tag(es)fahrlicht, die Tag(es)fahrlichter 147, 163
die Tageszeit, die Tageszeiten 7
die Tagschicht, die Tagschichten 12
der TAN-Generator, die TAN-Generatoren 25
die Tankanzeige, die Tankanzeigen 142
der Tankdeckel, die Tankdeckel 163
die Tankdeckelentriegelung, die Tankdeckelentriegelungen 139
der Tankstutzen, die Tankstutzen 162
die Tankklappe, die Tankklappen 163
die Tankklappenentriegelung, die Tankklappenentriegelungen 139
die Tankstelle mit KFZ-Reparaturservice, die Tankstellen mit KFZ-Werkstatt 62
der Tankverschluss, die Tankverschlüsse 163
der/die Tankwart/-in, die Tankwarte/-innen 64
die TAN-Liste, die TAN-Listen 25
die Taschensäge, die Taschensägen 84
das Taster-Set, die Taster-Sets 91
das Taxi-Unternehmen, die Taxi-Unternehmen 60
das Teilegutachten, die Teilegutachten 101
das Telefon, die Telefone 26
das Telefonbuch, die Telefonbücher 148
das Temperaturmessgerät, die Temperaturmessgeräte 93
der Tempomat, die Tempomaten 145, 149
das Thermometer, die Thermometer 21, 93
der Thermoschalter, die Thermoschalter 179
der/das Thermostat, die Thermostate 178
die Thermoweste, die Thermowesten 35
der Tieftöner, die Tieftöner 140
der Tiefton-Lautsprecher, die Tiefton-Lautsprecher 140
die Toilette, die Toiletten 73
die Tonne, die Tonnen 17
die Torpedosicherung, die Torpedo-Sicherungen 170
der Tragarm, die Tragarme 76
der Tragfähigkeits-Index, die Tragfähigkeits-Indizes 193
der Traglenker, die Traglenker 186
der Traktor, die Traktoren 117
die trennende Schutzeinrichtung, die trennenden Schutzeinrichtungen 52
das Tripodegelenk, die Tripodegelenke 190
der Trockensauger, die Trockensauger 74
die Trommelbremse, die Trommelbremsen 189
die Tunnelbrücke, die Tunnelbrücken 184
die Tür, die Türen 145
der Turbolader, die Turbolader 182
die Türdichtung, die Türdichtungen 159
die Türentriegelung, die Türentriegelungen 152
der Türgriff, die Türgriffe 158
der Türlautsprecher, die Türlautsprecher 140
der Türöffner, die Türöffner 133
der Türöffnungshebel, die Türöffnungshebel 133
das Türscharnier, die Türscharniere 159
das Türschloss, die Türschlösser 158
die Türverriegelung, die Türverriegelungen 152
die typenoffene KFZ-Werkstatt, die typenoffenen KFZ-Werkstätten 61
das Typenschild, die Typenschilder 106
die Typgenehmigung, die Typgenehmigungen 101
der Typschlüssel, die Typschlüssel 107
die Typschlüsselnummer, die Typschlüsselnummern 107
das Überführungskennzeichen, die Überführungskennzeichen 105
die Überhanglänge, die Überhanglängen 121
der Überhangwinkel, die Überhangwinkel 122
der Überlandlinienbus, die Überlandlinienbusse 115
die Überstunde, die Überstunden 13
das Überweisungsformular, die Überweisungsformulare 25
die Uhrzeit, die Uhrzeiten 6
der Umkleideraum, die Umkleideräume 72
der Umluftschalter, die Umluftschalter 153
der Umschalter für Fernlicht und Abblendlicht, die Umschalter für Fernlicht und Abblendlicht 149
der Universal-Messschieber mit Digitalanzeige / mit Rundskala und Zeiger, die Universal-Messschieber mit Digitalanzeige / mit Rundskala und Zeiger 91
der Universal-Messschieber mit Rundskala und Zeiger, die Universal-Messschieber mit Rundskala und Zeiger 91
die Unterflur-Hebebühne, die Unterflur-Hebebühnen 76
der Unterlegkeil, die Unterlegkeile 128
die Unze, die Unzen 17
der Urlaub, die Urlaube 13
der USB-Anschluss, die USB-Anschlüsse 139
der Van, die Vans 114
das Ventil, die Ventile 192
das Ventil für schlauchloses Leichtmetallrad / Stahlrad, die Ventile für schlauchloses Leichtmetallrad / Stahlrad 194
der Ventilausdreher, die Ventilausdreher 87
der Ventileinsatz-Dreher, die Ventileinsatz-Dreher 87
das Ventileinziehwerkzeug, die Ventileinziehwerkzeuge 86
der Ventil-Montagesatz, die Ventil-Montagesätze 87
die Ventilzange, die Ventilzangen 86
der Verband, die Verbände 28
der Verbandskasten, die Verbandskästen 27, 125

das Verbot, die Verbote 37
das erbotszeichen, die Verbotszeichen 37
der Verbrenner, die Verbrenner 109
der Verbrennungsmotor, die Verbrennungsmotoren 109
die Verbundlenkerachse, die Verbundlenkerachsen 187
das verdrillte Kabel, die verdrillten Kabel 173
die Verhaltensregel, die Verhaltensregeln 26
die Verlängerung, die Verlängerungen 80
das Verschiebegelenk, die Verschiebegelenke 190
der verschließbare Tankverschluss,
die verschließbaren Tankverschlüsse 163
das Versicherungskennzeichen,
die Versicherungskennzeichen 105
das Verständigungszeichen für Kranbetrieb,
die Verständigungszeichen für Kranbetrieb 78
die verstellbare Lenksäule, die verstellbaren Lenksäulen 131
der verstellbare Schraubenschlüssel/Rollgabelschlüssel,
die verstellbaren Schraubenschlüssel/Rollgabel-
schlüssel 81
die Vertragswerkstatt, die Vertragswerkstätten 61
die Verwaltung, die Verwaltungen 67
der Verwertungsnachweis, die Verwertungsnachweise 57
das verzinnte Kabel, die verzinnten Kabel 173
der Vielzwecklastkraftwagen,
die Vielzwecklastkraftwagen 116
die Viersäulen-Hebebühne, die Viersäulen-Hebebühnen 75
die Viertelstunde, die Viertelstunden 8
das Vollgutachten, die Vollgutachten 102
das vordere Blinklicht, die vorderen Blinklichter 164
der vordere Kotflügel, die vorderen Kotflügel 154
der vordere Stoßfänger, die vorderen Stoßfänger 155
die Vorglühanlage, die Vorglühanlagen 146
der Vormittag, die Vormittage 7
der Vorratsbehälter, die Vorratsbehälter 182
der Vorschneider, die Vorschneider 86
der Wagenheber, die Wagenheber 130
der Wählhebel mit Positionsschalter für Automatikgetriebe,
die Wählhebel mit Positionsschalter
für Automatikgetriebe 137
der Warnblinker, die Warnblinker 151
das Warnblinklicht, die Warnblinklichter 151
das Warndreieck, die Warndreiecke 125
die Warnleuchte, die Warnleuchten 125
die Warnschutzweste, die Warnschutzwesten 36
die Warnung, die Warnungen 37
die Warnweste, die Warnwesten 125
das Warnzeichen, die Warnzeichen 43
der Wartebereich, die Wartebereiche 70
die Wartung, die Wartungen 67
der Wartungsplan, die Wartungspläne 108
die Waschdüse, die Waschdüsen 156
die Waschhalle, die Waschhallen 72
der Waschraum, die Waschräume 73
das Waschwasser 182
der Waschwasserbehälter, die Waschwasserbehälter 182
die Wasserpumpe, die Wasserpumpen 179
das Wasserstofffahrzeug, die Wasserstofffahrzeuge 111
das Wattgestänge, die Wattgestänge 187
das WC, die WC 73
das Wechselkennzeichen, die Wechselkennzeichen 104
der/das Wechsel-Ölfilter, die Wechsel-Ölfilter 177
die Wegfahrsicherung, die Wegfahrsicherungen 146
die Wegfahrsperre, die Wegfahrsperren 129, 146
das Weichlot, die Weichlote 89
die Weiterverwendung, die Weiterverwendungen 54
die Weiterverwertung, die Weiterverwertungen 54
die Wellen-Bremsscheibe, die Wellen-Bremsscheiben 188
der Wendekreisdurchmesser,
die Wendekreisdurchmesser 122
die Werkbank, die Werkbänke 79
die Werkstatt, die Werkstätten 70
die Werkstattausrüstung, die Werkstattausrüstungen 73
der Werkstattbereich, die Werkstattbereiche 69
der Werkstattchef, die Werkstattchefs 65
das Werkstattdokument, die Werkstattdokumente 107
der/die Werkstattinhaber/-in, die Werkstattinhaber/-innen 65
der Werkstattkran, die Werkstattkräne 76
der/die Werkstattmeister/-in, die Werkstattmeister/-innen 66
der Werktag, die Werktage 5
die Werkzeuggeschwindigkeit,
die Werkzeuggeschwindigkeiten 21
der Werkzeugkasten, die Werkzeugkästen 79
der Werkzeugkoffer, die Werkzeugkoffer 79
das Werkzeuglager, die Werkzeuglager 71
die Werkzeug-Lochwand, die Werkzeug-Lochwände 79
der Werkzeugschrank, die Werkzeugschränke 79
der Werkzeugwagen, die Werkzeugwagen 79
die Wiederverwendung, die Wiederverwendungen 54
die Wiederverwertung, die Wiederverwertungen 54
der Windabweiser, die Windabweiser 158
die Windschutzscheibe, die Windschutzscheiben 156
die Winkellehre 90°, die Winkellehren 90° 90
der Winkelschleifer, die Winkelschleifer 87
der Winkelschlüssel, die Winkelschlüssel 82
der Winter, die Winter 11
die Winterjacke, die Winterjacken 36
der Winterreifen, die Winterreifen 195
der Wischintervall, die Wischintervalle 150
die Wisch-/Wasch-Automatik,
die Wisch-/Wasch-Automatiken 150
die Wischautomatik durch Regensensor,
die Wischautomatiken durch Regensensor 150
der Wischerarm, die Wischerarme 156
das Wischerblatt, die Wischerblätter 156
der Wischergummi, die Wischergummis 156
das W-Kennzeichen, die W-Kennzeichen 104

die Woche, die Wochen 9
das Wochenende, Wochenenden 5
der Wochentag, die Wochentage 5
das Wohnmobil, die Wohnmobile 114
der Wohnwagen, die Wohnwagen 118
die Wuchtmaschine, die Wuchtmaschinen 94
der Wundverband, die Wundverbände 28
das Xenonlicht, die Xenonlichter 166
das Yard, die Yard(s) 19
die Zahnradpumpe, die Zahnradpumpen 177
der Zahnriemen, die Zahnriemen 176
das Zahnriemenrad, die Zahnriemenräder 176
die Zange, die Zangen 130
die Zeitangabe, die Zeitangaben 6
der Zeitraum, die Zeiträume 8
der Zentimeter, die Zentimeter 18
der Zentralachsanhänger, die Zentralachsanhänger 117
der Zentrierring, die Zentrierringe 195
die Zierleiste, die Zierleisten 158
der Zigarettenanzünder, die Zigarettenanzünder 132
der Zoll, die Zoll 18
der Zollstock, die Zollstöcke 91
der Zugmaschinenzug, die Zugmaschinenzüge 116
die zulässige Achslast, die zulässigen Achslasten 123
die zulässige Anhängelast,
die zulässigen Anhängelasten 119, 123
die zulässige Aufliegelast, die zulässigen Aufliegelasten 123
das zulässige Gesamtgewicht,
die zulässigen Gesamtgewichte 123
die zulässige Gesamtmasse,
die zulässigen Gesamtmassen 123
die zulässige Nutzlast, die zulässigen Nutzlasten 123
die zulässige Sattellast, die zulässigen Sattellasten 123
die zulässige Stützlast, die zulässigen Stützlasten 119
die Zulassungsbescheinigung Teil 1 / Teil 2
die Zulassungsbescheinigungen Teil 1 / Teil2 102
die Zündkerze, die Zündkerzen 180
der Zündkerzenschlüssel, die Zündkerzenschlüssel 82
das Zündmodul, die Zündmodule 180
das Zündschloss, die Zündschlösser 147
der Zündschlüssel, die Zündschlüssel 147
die Zündung ein/aus, die Zündungen ein/aus 147
das zusammengesetzte Rad,
die zusammengesetzten Räder 191
das Zusatzschild, die Zusatzschilder 106
das Zusatzzeichen, die Zusatzzeichen 47
die Zweifadenlampe, die Zweifadenlampen 167, 169
der zweipolige Spannungsprüfer,
die zweipoligen Spannungsprüfer 97
der Zweipunkt-Lenker, die Zweipunkt-Lenker 186
der/die Zweiradmechatroniker/-in,
die Zweiradmechatroniker/-innen 63
die Zweisäulen-Hebebühne,
die Zweisäulen-Hebebühnen 75
die Zweistempel-Hebebühne,
die Zweistempel-Hebebühnen 75